GAZIE BRICE OZIGRE

La France et les aventuriers

GAZIE BRICE OZIGRE

La France et les aventuriers

Vivre heureux et faire vivre malheureux

Éditions Muse

Imprint
Any brand names and product names mentioned in this book are subject to trademark, brand or patent protection and are trademarks or registered trademarks of their respective holders. The use of brand names, product names, common names, trade names, product descriptions etc. even without a particular marking in this work is in no way to be construed to mean that such names may be regarded as unrestricted in respect of trademark and brand protection legislation and could thus be used by anyone.

Cover image: www.ingimage.com

Publisher:
Éditions Muse
is a trademark of
Dodo Books Indian Ocean Ltd. and OmniScriptum S.R.L publishing group

120 High Road, East Finchley, London, N2 9ED, United Kingdom
Str. Armeneasca 28/1, office 1, Chisinau MD-2012, Republic of Moldova, Europe
Printed at: see last page
ISBN: 978-620-4-96497-3

La France et les aventuriers

Ozigre gazie brice

Vivre heureux et faire vivre malheureux.

On peut réussir de deux manières, soit par la force où par l'intelligence, il y'a de la peine dans les deux cas. Seulement la première est grande que la seconde.

Avertissement

Attention!! ce livre est inspiré d'une réalité mêlée à l'imagination en sa première partie.

Et la seconde, puise sa source dans la vraie vie. Ici il est important de dire, que la traite des
noirs et la colonisation à l'étape physique ou du moins militaire semblent avoir disparues.

Mais la vie à la domination diplomatique, des Hommes blancs passe très inaperçue, aux yeux des gens qui disent défendre les libertés, et les biens des hommes. Ce livre est considérablement marqué part deux événements majeurs. Premièrement par l'histoire d'un aventurier qui quitte son pays d'origine, sa famille et ses souvenirs, pour un meilleur avenir. Et secondement un autre aventurier qui lui, aussi quitte son pays, sa famille mais, pour un rêve de vengeance pour ses siens, qui ont perdus la vie à cause des actions des colons selon l'histoire que ses parents lui ont contées.

Ce qu'il faut noter, c'est que se sont tous deux des aventuriers, mais avec des aspirations diverses. Le premier aventurier est inspiré par l'idée de réussite, par contre le second est aspiré par la révolte. Ainsi donc à chacun de tirer une instruction noble et sage.

PREMIÈRE PARTIE

Chapitre 1

Tout le monde rêve d'un monde meilleur, d'une vie pleine d'amour et de paix intérieur. D'un bonheur immense, et rien que lorsqu'on se fait à l'idée que, nos plus grand rêves sont alors dans le révolver prêts à s'éclater, à être relâcher pour connaître en fin la réalité, c'est une joie énorme et parfaite. Le déplacement des hommes d'un point de départ à un autre, est le fruit d'envie de vivre. Cependant, si l'on arrive à se déplacer et n'arrive pas à vivre, je dis que sa dernière situation est plus pire que la première. Car il aurait quitté sa terre, sa famille, et ses souvenirs pour un avenir meilleur, mais il n'arrive toujours pas à vivre comme il le souhaitait.

Cette histoire que je vais vous compté, est une réalité et elle devrait probablement aidée chaque lecteur ou lectrice, à mieux comprendre les événements de la vie. Car tout arrive serte selon une volonté suprême, mais le désir et l'espoir qui animent chacun, poussent à la réalisation de nos plus grands rêves, qui peuvent sembler irréalisables.

Michel est un jeune homme ambitieux et dévoué, Il est né d'une famille assez grande, car en général toutes les familles africaines sont grande et nombreuses. Je ne parle pas de la modernisation révolutionnaire des familles africaines.

De père et mère ivoiriens, il commence ses études dans un petit village appelé Grobiakoko, où son père et sa mère vivaient. Et le travaille de son père en ces temps-là était très important aux yeux des hommes, du moins des campagnards et même considéré comme le plus beau et grand travail que l'on pourrait avoir et exercer. Son père était un soldat, je veux dire un combattant parce qu'en ces temps là, presque toute l'Afrique était sous le joug colonial. Personne n'avait le statut d'un État, mais plutôt des colonies, ainsi on ne pouvait pas parler d'une armée. Alors s'était donc plutôt des combattants. il s'appelait Doha, il avait plusieurs femmes, Cependant d'autres ont dû partir à cause de la dureté de leurs rivales car dans ce domaine, c'est seul les premières venues au pouvoir, qui ont plus de considération. En effet dès 1939 lorsque Adolf Hitler et Benito Mussolini commencèrent les invasions et annexèrent les territoires français, c'est-à-dire là colonies française, la France déclara la guerre à l'Allemagne. Un an plu tard après plusieurs offensives, Hitler envahit toute la France. La France étant accablée et épuisée militairement, alors elle faisait appel aux combattants de toutes ses colonies. C'est ainsi que chaque colonie française envoyait leur plus grands bras valides pour sortir la France de l'invasion allemande, le Sénégal envoya leur bras valides qui furent appelés « les tirailleurs sénégalais .»
Ce mouvement de sauvetage auquel la Côte d'Ivoire ne resta pas en marge, et qui a quasiment suscité la réaction positive des colonies françaises a envoyé leurs combattants, à fin de libérer la France. Ainsi parmi les soldats qui furent envoyés en guerre, le père du jeune homme en faisait parti. Il était dans le deuxième bataillon envoyé dès 1941 à 1943 quifurent dans la scène de combat

sans pitié. Mais au miracle inespéré, monsieur Doha est sorti vivant de cette guerre meurtrière et atroce, alors il revint au pays pour retrouver sa famille. Et il raconta à sa famille tout le scénario de la guerre et comment il s'en était sorti, ce que je ne vais pas raconter dans ce présent livre, car l'enjeu de celui-ci ce porte plus précisément sur Michel. l'histoire de chaque homme trouve sa particularité dans l'élaboration de celle-ci.

Michel était un jeune homme débonnaire, il se battait dur pour subvenir à ses besoins et à ceux de ses parents. En 1988 après la mort de leur père, il va se retrouver dans la capitale chez son frère aîné qui lui était un instituteur. La majorité des enfants vont se retrouver en ville, chacun selon ses moyens et selon ses désirs. Ainsi donc finit la vie de la campagne, finit la vie des rues et maisons inanimées ni éclairées, à dieu aux nourritures à la villageoise, car me voilà dans le train vers la capitale, la ville tant convoitée par les autres hommes que l'on appelle les villageois. Se disait-il !

Mais ce que l'on croit éventuellement être un délice, peut être amère, et dans ce cas on est obligé de continuer à vivre sans chercher à comprendre le pourquoi et le comment des choses qui arrivent.

Nanegnon, ah un homme!! un homme sans jamais connu, du moins jamais vu nul par ailleurs, si ce n'était ce monsieur que je connu. Nanegnon mena la vie dure à ses frères et sœur comme des esclaves acquis gratuitement, mais particulièrement son petit frère en souffrait plus. C'est en effet qu'un jour, Michel revenait de l'école et qui certainement était très épuisé à cause de la distance et le trafic, essaya donc de se reposer, mais à la grande surprise générale, voici son grand frère qui revint du travail aux environs de treize heures. Lorsqu'il entra dans la maison, direction dans la chambre de Michel, puis l'ayant vu endormis, une fureur lui monta de la point des pieds jusqu'au nez, alors il prit de l'eau sans excitation puis l'éclaboussa avec et dit:

-« tu dors ? Sais-tu comment ta scolarité et ta nourriture se payent ? Mais mon Dieu!!quel statut de prince te donne tu ? Mais regarde autour de toi, comment tout est sale!! Mais sens-tu l'odeur qui s'échappe de ta chambre?

On dirait même que, comme dans les enclos des porcs. Mais lève toi bon sang! et retourne donc à l'école très rapidement idiot!! crois tu que si je dormais comme toi, tu allais venir vivre dans cette maison que tu pense être la tienne, ou celle de ton père peut-être ?

Il faut commencer à te faire à l'idée que, chaque fois que je viendrai dans cette maison, ma première visite sera ta chambre pour voir ce qui s'y mijote. Ainsi donc, mieux vaudrait être avertit pour ne pas être surpris à chacune de mes entrées. Moi que tu vois devant toi aujourd'hui, je ne me suis pas endormis, mais bien au contraire je me suis battu comme une bête face à l'adversaire féroce, pour me faire une place au soleil. Alors évite le sommeil aujourd'hui pour ne pas que, tu te lasse demain à cause du travail, et ne cherche le repos.

C'est aujourd'hui qu'il faut bosser dure, pour pouvoir dormir demain. D'ailleurs, n'entends pas toujours que tu manges, ou que tu ai le petit déjeuner avant d'aller à l'école car je ne te ferrai pas cette faveur, parce que lorsque vous étiez avec mon père au village, moi je subissais la misère sans quelqu'un à mes côtés qui puisse me dire courage car demain la vie sera belle.

Et moi je me suis encouragé seul à travers cet adage « au bout de l'effort se trouve le confort » alors ne m'énerve surtout pas car tu risques de te retrouver dans la rue avec ton sommeil, et tes crises incessantes de faim, parce que honnêtement tu m'exaspères avec ça.»

Alors Michel lui dit:

-« mais grand frère un homme n'a t'il pas besoin d'un petit repos ? Où n'est il pas possible à cet homme de dire qu'il a faim ? Lorsque son organisme en réclame ?

Je ne te demande pas le ciel, tout ce dont j'ai besoin c'est que tu me donne le minimum de liberté pour me reposer après mes études, parce que c'est vraiment épuisant la distance et les embouteillages. Et sache que je suis conscient de ce que tu attends de moi, et ce qui est en jeu pour mon avenir. »

Mais son frère Nanegnon lui dit:

-Si tu ne veux pas respecter ce que je te dire de faire, alors je crois qu'il te faut partir dès aujourd'hui de ma maison, autrement tu te soumets à mes lois et à mes principes. Fin de la discussion. Et je ne veux plus rien entendre venant de toi et maintenant va à l'école. »

Les années s'écoulaient et les jours étaient plus difficiles que les précédents, et fur et à mesure Michel réussissait à ses composition de fin d'année, mais malheureusement arrivé en classe de terminale, Michel échoua à son examen de fin d'année. Alors son frère lui dit que, son cursus scolaire prendra fin car il n'avait plus d'argent pour le scolariser.

Et le voici devant une situation imparable, que faut-il faire ?

Alors il commença donc de petites activités pour gagner un peu d'argent pour se payer un permis de conduire, et Dieu merci il arriva à réaliser son premier rêve. ayant eut vingt-cinq ans, il commença à temps que Chauffeur de taxis à Abidjan, la capitale de la Côte d'Ivoire. Et son fort envie de réussir dans la vie, le poussa à économiser petit à petit. Mais la situation était très difficile car comment économiser l'argent qui se gagnait comme à miettes de singe?? Et comment se payer un peu de plaisir, puisque le transport était à cent franc à toutes destinations dans la commune, et donc vous pouvez comprendre que c'était du caillou à rendre en poudre à la main. Mais l'espérance et la persévérance sont de grands atouts pour ceux qui les ont comme bouclier. Michel, dans son travail de Chauffeur fît la rencontre d'une femme qui s'appelait Sofia de souza, une femme en séjour cour en Côte d'Ivoire. Elle était fort belle de visage et paraissait capricieuse à cause de son ère sérieux. Et comme les taximètres sont assez bavards, alors Michel avec autant de tremblement, se donna le luxe de lui proposer un dîner, après un échange qui était compatible, et avec une grande chance inimaginable Sofia de souza accepta l'invitation de Michel.

Le soir étant venu Michel et Sofia se retrouvaient dans un petit restaurant de la commune, ils se racontaient chacun à son tour son histoire et ils riaient.

Mais Sofia elle, faisait des signes qui semblaient essuyer des larmes, car l'histoire de Michel était assez pathétique. Apres cette nuit, une affection a commencé à naître en Sofia mais elle devrait bientôt retourner en France car elle était française.

Une semaine avant son départ, Sofia de souza demanda à Michel de faire la rencontre de sa mère, car elle voulait connaître la mère de Michel. Elle était au campement dans la forêt et dans le noir.

Nous sommes en 1996. Alors tellement enthousiasmé, il pris avec lui Sofia de souza et partir pour le campement qui se situait à 300 kilomètres de la capitale. Cependant, moi une idée me traverse l'esprit. Pourquoi faire une si longue distance pour aller voir une vielle femme cachée dans une forêt ?

Si ce n'est pas de l'amour, je crois que rien au monde, ne pousserait quelqu'un à faire ce chemin. Ils arrivent au village dans les environs de dix-sept heures. Et à dix-huit heures les voici au campement. Mais à la grande surprise de la vieille, étonnée de voir son fils en compagnie d'une femme de couleur blanche dansa de joie et dressa un pagne sur lequel ils marchèrent, car c'était un signe de manifestation de joie et d'amour pour son enfant ou son parent en quelques sorte. Pendant cette nuit là, ils écoutaient des histoires autour du feu que la vieille leur contait, ils riaient mais à la fois terrifiés par les contes de la vieille. Michel et Sofia de souza passèrent la nuit dans la même chambre, mais Michel ne toucha point la blonde car il était un chrétien, mais un chrétien baptise œuvre et mission. Il faut dire que cette conception de chrétienté avait des principes très stricts sur le péché. En effet pour le chrétien baptise œuvre et mission, seul les actes nobles te rendent saint, l'impudicité et la convoitise étaient très sanctionné. Alors Michel qui lui n'était pas du côté des groupes qui aiment à enfreindre les principes de Dieu pour être châtier plus tard. Alors il ne toucha point Sofia de souza ce soir là.

La religion est une nourriture pour des affamés qui n'ont pas d'autres choix que de manger même quand celles-ci n'est pas agréable, ils mangent pour satisfaire un vide. Mais les concepts ne sont pas pareils à tous les niveaux religieux, malheureusement Sofia de Souza est tombée sur un jeune qui craint la sanction divine, car chez les baptises c'est seul après le mariage que l'homme et la femme ont le droit de se connaître. Les français eux n'ont pas cette conception, ils apprennent à se connaître avant de décider de se marier c'est quasiment deux coutumes différentes. Et lorsqu'il fit jour, Sofia de souza demanda à retourner le jour suivant, car elle avait des choses à faire. Dans les années quatre-vingt, la technologie n'avait pas encore connu du progrès, alors toutes les correspondances se faisaient par l'envoie de lettre à la poste dans le but d'avoir une ou un correspondant en Europe. Mais Michel lui, a eu sa correspondante sur place, servir sur un plateau en argent, mais il ne l'a pas touché. Reste à savoir si elle l'appellera à son arrivée! Le jour de retourner à la ville était arrivé, et ils disaient au revoir à la vieille et les autres membres de la famille qui les accompagnaient. Arrivé à Abidjan, la vie reprit son cour, Sofia de souza dit à Michel « on se verra si les circonstances nous le permettent comme elles nous ont rencontrées. J'ai vraiment passé de meilleurs moments avec toi et avec ta famille, et j'en suis heureuse mais je dois forcément retourner à Paris, et encore merci à bientôt.» Et elle attendait que Michel lui fasse une bise mais là encore rien. Michel lui dit:

-quand est-ce que tu pars en France ?

-Dans une ou deux semaines.

-d'accord alors on s'appelle et j'espère qu'on se reverra pour une dernière fois avant ton départ. Mais elle faisait un signe comme si elle refusait car elle ne voulait certainement plus le revoir, et elle rentra dans sa résidence. Et quand à Michel, il retourna à la maison pour se reposer du voyage.

Il se disait qu'il avait trouvé une femme avec qui, il pourrait se marier et faire sa vie, c'était une bonne initiative mais cette idée n'était plus partagée car pour Sofia cela ne servirait plus à rien de se revoir, puis elle bloqua le numéro de Michel. Un mercredi après le travail, il essaya de la joindre pour prendre de ses nouvelles mais rien car son téléphone ne passait plus. Mais après plusieurs tentatives il décida d'aller directement chez elle pour en savoir plus car pour lui, une chose a dû l'arrivée ou un truc de mal se serait passé. Alors il se dit « je ne saurai rien si j'y vais pas.» C'est ainsi qu'il prit sa voiture puis allait chez Sofia.

Mais lorsqu'il fût arrivé dans ce quartier de ces bourgeois, qui ne laissent jamais voir quelqu'un, temps que celui-ci n'a pas une carte d'entrée, ou une consigne venant directement du propriétaire de la résidence, ou de la personne en question. Alors Michel se verra recalé au portail jusqu'à ce qu'il reçoive un laissé passer, ou il devra dire à Dieu à son envie de voir sa dulcinée. Le gardien lui demanda de joindre la personne concerné sinon il retourne de là où il était venu.

Alors Michel lui dit:

- J'ai désespérément essayé de la joindre, mais cela c'est avéré impossible c'est pour cette raison que je suis ici, pourquoi vous ne m'accompagner pas directement chez elle ? Si vous craignez que j'entre et ne fasse une action belliqueuse ! »

Mais le gardien lui dit:

-Si je vous accompagne comme vous le dites qui fera mon travail à ma place? monsieur, je vais vous demander de reculer et de ne pas touchez au portail.

Alors Michel retourne sans avoir vu Sofia de souza. Et du côté de Sofia qui anticipa son voyage pour des raisons particulières, puis se retourna en France. Etant dans son pays il faut continuer à vivre, puisque cette aventure n'a pas été un bon souvenir pour être gardé dans son journal mémorial, alors elle fait un trait sur cette histoire et continue sa vie.

Chapitre 2

Deux ans plus tard, Michel nourrit l'idée d'aller en France, alors il commença ses démarches secrètement sans l'avis de qui que ça soit. Il économisa ses maigres revenus de taxis. Dieu merci il réussit à se faire un passeport, mais il importe de comprendre que l'envie de retrouver, Sofia de souza était une des raisons pour lesquelles il voulut partir en France, mais plus particulièrement celle d'avoir une vie meilleure. En 1997 il fît la rencontre d'un homme de nationalité burkinabé, mais et toujours dans son métier de chauffeur de taxis, alors le monsieur étant dans le taxis dit à Michel:

- comment ça se passe ton travail ? Parce qu'en générale les africains ne vouvoient pas trop les gens qui leurs sont étrangers. Encore moins les familiarités.

Michel lui répondît:

-Ça va par la grâce du seigneur !!

Mais ayant entendu par la grâce du seigneur le Monsieur lui dit:

-Alors es-tu chrétien ? De quel communauté ? Et comment tu es donc devenu chrétien ? Et dit moi quel condition as-tu rempli pour être sauvé ?

Après toutes ces interrogations, Michel le regarda indignement parce que pour lui, le monsieur en question était trop indiscret et était trop bavard alors il lui dit:

-Pourquoi vous ne poser pas une seule question à la fois ? Pour espérer avoir une réponse concrète? et voici ! nous sommes à votre destination, toutes vos questions n'auront pas le temps d'être répondues Hélas .!! Alors le monsieur lui dit:

-C'est pas bien grave, je te laisse mon numéro si tu veux tu m'appelles, et on parlera sans problème.

-D'accord je le prends, mais j'espère qu'on se parlera pour se comprendre, et non pour des discussions vaines, et interminables parce que figurez-vous que les discours de religions sont le premier moteur de la guerre entre les hommes. disait Michel !!

-Soit sans crainte on se comprendra, et j'en suis certain que le seigneur fera. Alors le monsieur descendu de la voiture et Michel continua son travail, s'interrogea sur toutes ses questions qui lui ont étés posées. Il se disait: pourquoi cet homme ne parle pas par exemple de me donner du travail et autre chose ?

Et c'est sur l'Evangile il me questionne ?

N'est-ce donc pas le même Jésus-Christ que nous prônons? Bon moi je crois que je vais me concentrer sur mon taxis, c'est le seul travail qui me donne à manger, et non les hommes qui parlent toujours lorsqu'ils sont satisfaits de leurs biens qu'ils gagnent.

Michel continua à travailler, et a économisé son maigre gain pour son rêve d'aller en France. Dans le pays des hommes qui ne saluent pas, qui communique à peine avec les inconnus, même avec leurs proches. Il faut donc prendre rendez-vous pour se voir. Dans le pays des hommes qui font voisinage avec des gens dont ils ne savent pas l'existence, ne connaissent pas les problèmes que ceux-ci traversent au quotidien, mais lorsqu'ils entendent un bruit de bagarre ou de choses inhabituelles ils se pressent d'alerter la police. Mais quel pays !!!

Comment peut-on prétendre s'inquiéter des problèmes des gens qu'on a jamais courtisé ? des gens qu'on a jamais dit :

« bonjour ! comment allez-vous ?» mais quel pays .!?

Michel, lui ces réalités du terrain ne l'intriguèrent guère, car son rêve était d'aller et c'était au delà de ce que l'on pouvait dire et penser, il voulait tout simplement y aller. Le jour suivant il décida de rencontrer monsieur le burkinabé alors il l'appela, son portable sonne à deux reprises et ne répond pas mais à la troisième il décrocha et dit:

-Allô à qui ai-je l'honneur ?

Michel lui dit:

-Allô bonjour monsieur, c'est le jeune homme à qui vous avez posé autant de questions sur Dieu là !!

-Ah oui je vois alors comment ça va ?

-Oui Je vais bien merci et chez vous?

-Ça va! alors tu appelles pour qu'on se parle n'est-ce pas ?

-Oui bien sûr!!

alors le monsieur lui dit:

-Connais-tu le glacier Flora au niveau de 40 eme?

-Oui !!

-Alors On se retrouve là-bas à quatorze heures trente minutes.

-D'accord pas de soucis j'y serai donc, merci et bien de choses à vous et à votre famille et à bientôt !!

-Je t'en prie au revoir !

Après l'appel Michel dit en lui-même je crois que je pourrais profiter de l'occasion pour lui dire que je veux aller en France pour me chercher et on verra ce qui se passera, mais tout d'abord la raison pour laquelle je me déplace est de parler de Dieu, et je crois que je lui ferai comprendre que le seigneur est mort pour nous.

Au lieu du rendez-vous, Michel se présenta bien avant l'heure car c'était aussi l'une de ses qualité, la ponctualité dans le travail et consorts. Il est quatorze heures quarante minutes et Monsieur le burkinabé n'est toujours pas là!

-Mais pourquoi n'est-il pas encore là ...?

Pas plus tard Voici Monsieur le burkinabé qui arrive dans un ère très bousculé et très pressant, mais bon temps mieux l'essentiel s'était qu'il soit présent au rendez-vous et il est là!

Alors Michel se pressa de le salué.

-Bonsoir Monsieur !!

-Oui ça va bien Michel ? Je m'appelle Nana Mathias.!

-D'accord enchanté monsieur Mathias! Ravis de faire votre connaissance !

Monsieur Mathias lui dit: -Allons et asseyons-nous!!

pendant qu'ils se dirigèrent vers le restaurant Michel faisait un signe du genre à dire quelques choses mais pour ne pas se faire remarqué il se pressa de rentrer au même moment que monsieur le burkinabé.

Ils sont assis monsieur Nana dit:

-Je prendrai pour moi la facture. D'accord !!

Et maintenant je crois que mes questions ont connues des analyses et elles peuvent être répondues maintenant n'est-ce pas??

-Bon je crois que tu connais probablement ce que je vais te dire, à ce propos car depuis la nuit de l'histoire de Dieu les Hommes n'ont que reçu un Evangile qui prône la foi en Jésus- Christ, et que par la suite ils font respecter les lois de Dieu c'est-à-dire d'honorer son père et sa mère de ne point volé, ne pas commettre d'adultère et j'en passe, mais une chose est que l'homme est un homme et que personne n'est parfaite, sur la terre mais lorsque tu commets un quelconque

péché tu dois le confesser et te repentir pour le pardon de ce péché et c'est ce que la bible nous enseigne rien de plus et rien de moins. Car à la réalité la bible dit « n'ajoutez rien et ne retranchez rien à ce qui est écrit » (App 22:18- 19) donc voilà un peu ce que je sais et ce qu'on m'a enseigné. Expliqua Michel.
Alors Monsieur Nana Mathias remua sa tête et fît un léger sourire, comme pour dire c'est ce que nous avons entendu depuis plus de cents ans. Puis il prit la parole et dit:
-Et les gens disent que, les colons nous ont envoyés l'Evangile pensant pour eux à des raisons d'un intérêt personnel, pour nous désarmer de nos faux dieux que nous adorions. Parce que l'histoire disait que les Africains étaient des personnes à l'état primitif, et leurs dieux fessaient qu'ils étaient très redoutés alors ils fallait les désarmer par tout les moyens existants et nécessaires, pour mieux exploiter leurs richesses. Et la conclusion que l'histoire tire, c'est que les colons sont arrivés à leurs entreprises naturellement. Mais moi je pense et je crois que, l'Evangile est venue vers l'Afrique par le colon parce qu'il devrait venir par le colon, c'était prévu même avant la fondation du monde, si ce Dieu que la bible prône et presque toute l'humanité adore dans tout les recoins de la terre existe vraiment, et que c'est celui qui a tout créer comme le dit le livre de la genèse.

Regarde ce que les historiens disent, et la bible dit, que l'Afrique a gouverné le monde par pharaon, et ce pharaon était noir et non blanc comme les films français ou romains nous font comprendre, et le nom du premier pharaon de l'Egypte unifié était Ménès connu aussi sous le nom de Narmer vers -3000 ans avant Jésus-Christ avec des nègres qui étaient en Égypte antique et non des blancs. Mais ce que tu dois comprendre, c'est que l'Afrique aussi a gouverner le monde, comme les États Unis d'Amérique le gouvernent aujourd'hui, elle a eue son temps, et peut-être un autre viendra probablement, mais pour l'heure bannissons l'idée selon laquelle le christianisme serait, venue pour nous perdre le temps. De gré ou de force les événements ne se serrèrent pas passés autrement vue que c'est ainsi qu'ils devraient se passer. Je te dis toute ces choses pour ne plus que tu n'es à parler de ça éventuellement, car c'est quasiment le sujet de tout ceux à qui on parle de la parole.

Maintenant ouvre grand les oreilles et prêtes attention à ce que je vais te dire.

Et maintenant mes questions fondamentales sont les suivantes:

si tu es chrétien aujourd'hui pose toi la question de savoir qui à été chrétien avant moi.

Quel a été le message qu'il a entendu et prêché et comment il a adoré Dieu? Et si tu trouves les réponses à ces interrogations, interroge toi sur la façon tu es devenu chrétien et comment tu adore Dieu ? Maintenant si tu arrives à comparer les deux adorations et il s'avère qu'il y a divergence de pratiques il n'y rien à dire, automatiquement « ton adoration est fausse parce que tu es le dernier à venir. » Figure toi que dans ce domaine ce n'est pas le cas de la médecine, ou de les découvertes se succèdent dans le temps. Ici la parole de Dieu est la même hier, aujourd'hui, demain et éternellement. Elle ne change point selon les époques ou selon la période si et seulement si le seigneur lui-même, met fin à cet type d'adoration ou la change en une autre. C'est un peu comme une loi qui, est en vigueur ou permanente et répond aux hypothèses futures, mais une fois elle abrogée ou remplacée par l'élaboration d'une nouvelle, et promulguée pour être appliquée selon les dispositions de celle-ci. Sache que les petits frères ne copient que sur leurs frères aînés.

Si ton premier fils t'a appelé par ton nom ou par l'attribut, mets toi en tête que le second fera pareil, ainsi que le troisième jusqu'au dernier car le deuxième n'apprend qu'à parler au travers de son frère. Maintenant dans le cas où le premier dit papa et le second dit papa mais le troisième dit « Michel » comprends tout de suite que cet enfant est un « rebelle » car il n'a pas suivi la voie de ses grand frères. Ce que je veux, s'est que tu transmette cette maximes à notre sujet, parce que nous ne sommes pas ici pour un jeu, mais d'une question de vie ou de mort, alors soit bien attentif à mes paroles.

Je te donne aussi cette parole, lorsqu'un homme veut se louer une maison, il la cherche et après une longue recherche quand il l'aura trouvé il paiera sa caution, et après avoir payer sa caution, il va là rendre propre à cause des impuretés qui sont à l'intérieur de celle-ci, et en fin il va l'habiter, parce qu'elle est pure. Les écritures disent que Jésus-Christ est venue pour sauver l'humanité par son sacrifice c'est-à-dire par sa mort, son ensevelissement, et de par sa résurrection. Mais aussi les quatre Evangiles attestent qu'il avait des disciples qui ont d'ailleurs eux même au nombre de douze confirmés sa véracité. Et puisque le Messie est venu pour mourir pour le monde, et comme la parole le dit et puisqu'elle doit s'accomplir selon ce qui est écrit, alors le fils va mourir.

Reste à savoir qui continue le travail après le départ du maître ? Naturellement ce sont ses élèves qui sont les disciples et comprends très bien que, c'est avec eux que va commencer l'Eglise, du moins c'est eux la première Eglise dans le monde, dès l'an trente trois au lendemain de la résurrection de Jésus-Christ.

Et voici le message qu'ils ont prêchés ce jour là: Repentance, Baptême, et la réception du Saint-Esprit, et c'est l'apôtre Pierre qui délivrera ce message du salut selon acte 2:37-38 pour plus de détails.

Et en plus, le salut tu l'as une fois pour toutes contrairement à ce que les autres communautés disent, plutôt ce que la communauté baptise œuvre et mission dit. En effet lorsqu'ils ont commencé l'adoration, ils n'ont jamais enseigné l'observation de la loi. D'où la paye de dîmes dans l'Eglise est terminée depuis longtemps, car toute la loi a été renfermée en une seule parole « tu aimeras ton prochain comme toi même » et aussi voici ce que l'apôtre Paul dit: « tous ceux qui s'attachent aux œuvres de la loi, sont tous sous la malédiction, car il est écrit dans le livre de la loi que: maudit est quiconque n'obéit pas aux œuvres de la loi, et ne les mets pas en pratique. » Galates:3-10 alors comme la dîme et la présentation des enfants, ainsi que la lapidation des femmes adultères, sont parties intégrante de la loi alors quiconque pratique une de ces choses, et laisse l'autre est maudit. Pourtant il est aussi dit dans la bible, qu'il n'y a personne sur le terre qui ne pêche point. Alors quel sera donc la sanction de ceux qui enfreignent la loi ? C'est une réprimande grave car le salaire du péché c'est la mort. Voici, c'est tous ceux qui adorent en vérité et en esprit qui ne pèche point. Ainsi dit ton salut vient de Dieu, et ça depuis avant la fondation du monde. Maintenant pour que cela se manifeste, il me faudrait monter dans ton taxis, et se retrouver ici pour parler, afin que tu entends et que tu crois pour que le seigneur te sauve. Car lui-même l'a bien dit « j'ai mes brebis, elles entendent ma voix et elles me suivent, et elles ne suivront point un étranger, car elle ne connaissent pas la voix d'un étranger.» Parce que lorsqu'on mettra tes brebis, et celles des autres dans une même crèches, mais qui ont tous pratiquement les mêmes tâches, la seule et unique façon pour toi de les reconnaître, c'est par l'émission du son que tu leur avais appris c'est-à-dire, si tu avais pour habitude d'émettre « baba baba » alors, lorsque tu émettras de ce son, ils sortiront tous sans tarder. Voila ce que dit le seigneur car les brebis du seigneur, et celle du diable sont dans le même enclos qui est « la terre. » voilà pourquoi le seigneur a dit : « j'ai mes brebis » autrement toutes les brebis l'appartienne.

Ce qui n'est pas le cas, car dans la parole de Dieu ceux qui nous ont précédés sont nos grands frères dans la foi alors il faut les copier en quelques sortes, être imitateurs de ceux-ci. Car lorsqu'un maçon pose les fondements d'une maison, mais ne la finit pas et meurt sans la fin de cette maison, alors le propriétaire de la maison voulant toujours que sa maison finisse, va ainsi fait appel à un autre dit aussi maçon, et lorsque ce dernier viendra, certainement il continuera dans la même veine que son prédécesseur. Mais dans le cas contraire, qu'il pose la brique à l'inverse de celle de base, alors dis-toi automatiquement que celui-ci n'est pas un vrai maçon, mais un fau. Car il ne connais pas la disposition des choses qui ont étés avant lui, et il ne peut les connaître, temps qu'il ne s'est pas tourné vers les premiers qui étaient avant lui. En effet si tu es gendarme aujourd'hui, c'est que forcément, il y'a eu des gendarmes avant toi. C'est pour ainsi dire cette parole de l'apôtre Paul « selon la grâce de Dieu qui m'a été donné, j'ai posé le fondement comme un sage architecte, et un autre bâti déçu, mais que chacun prenne garde à la façon dont, il bâti déçu, car personne ne peut poser un autre fondement à part celui qui a été poser, savoir Jésus-Christ. » Et lorsque ton œuvre est bâtie sur celle des apôtres, alors tu deviens ainsi le bâtisseur, et les apôtre les fondateurs de cette œuvre. Voilà comment est l'Evangile. Michel, aucun apôtre n'a jamais prêché la perte du salut comme c'est dit dans vos nombreuses églises, et que le chrétien affranchi perd son salut. Chose impossible, lorsque Dieu sauve une personne c'est pour de bon. C'est-à-dire une fois pour toutes.

Donc voilà l'Evangile ainsi prêcher au monde et à toi en se jour.

Mais après ce si long discours, Michel avait la tête baissée, et très surpris d'entendre toutes ces choses, car c'était pour lui une première fois d'entendre cette vérité qui le faisait bouillir, de colère et en même temps de joie. Colère parce qu'il pensait que la communauté des baptises l'avait faire perdre son temps, et il courait vers la mort, mais le plus énervant dans toute cette affaire il avait perdue une si belle femme, qui s'était déplacée pour lui,et jusqu'à aller croiser sa mère au campement. Et lui qui pensait que couché avec une femme sans l'avoir marié, était un acte de péché qui conduisait en enfer, et pourtant s'était faux. Et maintenant Sofia de souza qui est partie sans même l'appeler, il avait perdu Sofia et c'était la seule chose qu'il fallait se dire. Mais en même temps heureux parce qu'il avait reçu la connaissance de la vérité alors il lui dit :

-Que dois-je faire pour être sauvé ?

Nana lui dit:

-Si tu crois que le seigneur est mort pour toi, alors fait toi baptisé et tu recevras le dont du Saint-Esprit, et tu vas dorénavant adoré comme les disciples qui eux adoraient Dieu partout en esprit et en vérité.

Alors Michel lui dit:

-je crois et je veux prendre le baptême d'eau. C'est alors sur ces mots que Nana et Michel allèrent dans la lagune d'Azito pour qu'il soit baptisé, et ils prièrent et se laissèrent dans l'espoir de se retrouver demain.

Michel retourna à la maison chez son frère, il faut noter qu'il avait fait dix ans dans la communauté baptise, et aujourd'hui il avait la haine contre ceux-là. Mais étant nouveau dans la connaissance de la vérité, il décida de prendre son sang froid et ne posa point de question à qui que ça soit. Le lendemain matin il prit rendez-vous avec Nana pour lui dire qu'il avait le rêve de partir en France, alors lorsque Nana fit gré de son rendez-vous, il lui dit directement sans passer par plusieurs méthodes, pour ne pas qu'il pense qu'il est opportuniste. Nana le regardant commença a rire et lui dit : ''tu veux aller en France ?''

Michel lui répondit:

-Mais bien sûr que oui pourquoi ris tu ??

-Tu sais la France, c'est pas facile là-bas et pour y aller faut beaucoup de moyens financiers...

-Mais Michel l'arrêta dans son discours et lui dit tout cela j'ai entendu ça et j'en suis conscient pour être honnête avec toi, aujourd'hui ce que je te demande c'est de me dire ce qu'il me faut pour aller.

-Je te l'ai déjà dis il faut beaucoup de moyens mais surtout financiers.

-D'accord j'ai fait mes économies et je suis en disposition de cinq cent mille franc sa pourrait faire l'affaire non?

-Rassure toi c'est bien plus chère que ce que tu t'imagines, Mais en théorie les frais pour le visa sont à soixante-dix mille franc, mais le terrain est tout un contraire de cette perception donc tu dois chercher deux millions de plus pour espérer partir vers ton pays de rêve, et donc voilà que tout t'ai révélé maintenant tu as le choix entre rester ici et toujours poursuivre ton rêve.

Mais Michel semblait très abattu il voyait tous ses espoirs de partir en France partir en fumée car où trouve tout cet argent comment faire pour l'avoir et où l'avoir? Le rêve était trop grand pour ne pas l'avoir réalisé c'est impossible. Alors il dit à Nana:

-Bon je crois que vous allez commencer a lancer le dossier avec le peu que j'ai et après le reste le temps que je cherche.

-Il faut que demain tu m'appelles et on verra ce qu'il faut faire disait et il partir laissant Michel seul qui lui réfléchissait longuement sur la question. Le même jour il appela pour aller voir sa mère pour lui expliquer la situation, mais sa mère Lisette après avoir réfléchir dit à son fils:

-Tu sais mon fils dans la vie, on ne peut pas empêcher un homme de rêver, parce que le rêve est le moteur de la vie d'un homme et sans le rêve l'on ne peut rien faire. Mais souvent il y a des rêves qui dépasses nos limites d'action on aura tout essayé mais zut!!. Et moi qui suis ta mère je me dois de chercher pour toi car c'est aux parents d'amasser pour leurs enfants, et c'est ce que tu devras faire aussi un jour pour tes enfants.

Tu sais ton défunt père a construit à Gagnoa des quelques petites maisons je crois qu'on les vendra pour payer l'argent car si tu réussis demain cela sera pour le bien être de la famille.

Donc je vais demander à ce qu'on vende la maison. Alors le jeune homme dit:

-Mon père a des maisons a Gagnoa ?? Je ne l'ai jamais su.

-Oui c'est vrai, il a des maisons que je vais vendre aujourd'hui à cause de ton rêve il le faut, car je ne peux enlever cette envie d'aller chez les hommes blancs.

-Oui c'est vrai maman je veux vraiment aller et je sais que je réussirai.

Après une longue discussion avec sa mère il lui dit au revoir et quitta le village pour Abidjan.

A l'arrivée, la première personne qu'il appelle c'est Monsieur Nana Mathias pour lui remettre l'argent. Nana prit alors l'argent et partir pour commencer la procédure, et pour Michel comme c'est un homme qui parle de Dieu alors il faut lui faire confiance, de gré ou de force il n'a pas le choix que de lui faire confiance.

Après une semaine, la procédure de la vente de la maison est engagée, et les chargés d'affaires son Nanegnon le frère aîné de Michel et Antoine le demi-frère de Michel. Dans la loi, tous les biens avant le mariage n'appartient pas uniquement aux enfants nés dans le mariage, mais à tous ceux qui sont nés soit hors du mariage et dans le mariage car monsieur Doha avait uniquement marié la mère de Michel et ses autres frères que je ne citerai pas ici, mais les autres femmes n'étaient pas légalement reconnu pas les liens du mariage. Mais néanmoins il fallait la signature de tous les enfants de Doha pour passer à la vente de la propriété c'était compliqué car tous n'avaient pas le même rêve, d'autres aussi rêvaient certainement à d'autres choses que je ne sais pas, mais une chose est certaine c'est que la tâche ne leur sera pas aisée.

Le notaire prépara les papiers pour la signature de la vente, et les signatures se posaient volontairement, mais difficilement jusqu'à ce qu'on arrive à une majorité absolue. Nous voici la maison vendu a cinq millions de francs, et il s'agissait maintenant de répondre à la requête de Michel, et comme c'était pour la raison première que la maison a été vendue, alors on remettait l'argent au monsieur en charge du dossier.

Chapitre 3

Après un mois passé le visa de Michel sorti, nous étions maintenant en 2000, et Michel pris alors son vol pour la France le 02 février 2000, laissant derrière lui une grande famille avec une situation financière très précaire. Et pour embellir l'histoire d'une famille très modeste vivant dans une très grande promiscuité et en plus de la maison vendue, de quoi à réclamer la part individuelle, et cette histoire ne fera qu'empirer la situation minable de la famille.

Après plusieurs heures de vol, voici l'avion qui se pose sur la piste de l'aéroport de Roissy du général Dé gaulle à dix-huit heures de Paris. Une si belle vue, une ville avec ses lumières étincelantes et sa population à l'accueil presque morte, mais ne peut empêcher quelqu'un d'admirer la ville et de sentir une liberté de vivre dans le cœur de chacun et une joie immense.

Une nouvelle vie commence pour Michel, il cherche refuge même avec un cœur remplis de joie d'avoir touché le sol du pays tant convoité, il ne pouvait pas se permettre de perdre le temps à regarder les lumières.

Comme n'ayant personne chez qui il faut aller il dormira sous les ponts et dans les rue parisienne. Du côté de la côte D'ivoire les autres frères se heurtèrent pour le reste du butin c'était la pagaille totale dans les deux camps, il s'était quasiment créé deux partie, sauf qu'il y avait une autre partie, la troisième, elle était neutre qui peut-être avaient certainement reçu une instruction ferme de la part de leurs mère de ne jamais se battre pour un quelconque héritage car sa détruisait toujours les familles et de laisser les choses se faire selon le temps et l'heure. Mais Nanegnon qui était un homme assez cupide et Avare voulait tout et uniquement pour lui, c'est ce qui a toujours été son identité humaine c'est en cela sa particularité se distinguait, cependant cela n'a pas en pêcher d'autres à réclamer leur part du gâteau ce qui était normal pour moi mais pas sage car tout ce qui est normal ne sort pas de la sagesse. « Parce que la sagesse demande aussi que celui qui a raison reconnaisse qu'il a tort. ». Trois personnes ont pu recevoir leur part mais les autres non !! car ils n'avaient rien demandé.

Michel est en France, et la situation semble dure que ce qu'il avait pensé étant au pays. Mais et une chose c'est qu'on n'est jamais bien ailleurs que chez soit, car tu n'auras pas la sécurité à tes trousses pour des papiers qui ne sont plus a jour, tu n'auras pas à vagabonder dans les rues sauf si tu as en a fait le choix, parce qu'il y'a toujours une alternative pour ne pas être errant ça et là. Au vue de la douloureuse épreuve, Michel demanda l'asile et il se retrouve en Allemagne dans un centre des exilés. A son arrivée après deux jours le rapatriement commença, et Michel n'avait aucun intérêt à se faire rapatrié de l'Europe car c'était tous les espoirs de la famille. Le processus de rapatriement des exilés n'était pas déterminé, et lorsqu'on les mis tous en rang par ordre alphabétique pour les rapatriés, l'officier dit ceci:

-nous allons nous arrêté à ce monsieur aujourd'hui et demain nous commencerons par lui.

C'était « Michel » -vingt quatre heures pour trouvé une solution que faire ? Michel décida alors d'appeler son grand frère aîné et lui expliqua la situation, alors son grand frère lui dit:

-attend je vais voir ce que je peux faire, et je te rappelle dans quelques minutes.

Du côté de Nanegnon, les choses se pressent, il essaya le numéro d'un cousin et heureusement le cousin répondait à son appel, puis il lui expliqua la situation à laquelle son petit frère était confronté.

Alors le cousin lui dit:

-qu'il prenne un train pour revenir en France dès aujourd'hui, et je le garderai chez moi, bien vrai que j'ai pas été informé avant mais comme cela relève d'une extrême urgence qu'il vienne. Et raccrocha.

-Mais ce pays change les gens, comment des gens qui venaient chez les parents des autres, étant en Afrique sans toutefois les informés de leur venue, et maintenant c'est eux qui veulent qu'on leur disent avant ? Vraiment l'hexagone change. Ainsi parlait Nanegnon.! Tout seul.

Alors sans tarder après qu'il ai dit merci à son cousin il rappelle son petit frère pour lui rapporter ce que son cousin lui avait dit.

-Michel dit : bien compris je pars de ce pas, et donne moi son contact car j'aurais besoin de l'appeler une fois en France.

Il faut dire que tout le monde a son parcours mais celui de Michel est bien plus impressionnant, et miraculeux. Michel est à Paris de nouveau échappant au rapatriement, dorénavant la vie sera encore plus stone que l'épisode précédent, il faut maintenant chercher du travail pour subvenir à ses besoins, et aussi affronter les idées des autres gens qui pensent, penser mieux que les autres, qui se prétendent plus mieux que d'autres, tous cela ne sera pas du tout facile. Il arrive chez son cousin boukiby avec une maison assez petite, mais où dormir ?? La place la plus convenable est l'allée.

-Je n'ai pas de d'autres choix que de dormir ici, et c'est une grâce pour moi car sans lui, certainement je me serais retrouvé dans un pays d'Afrique pour sévir la misère. Alors étant chez son cousin, il se trouva un petit travail et commença dans les toilettes publiques, travaillant comme entretenant. Et c'est de ce travail qu'il se payait les besoins quotidiens.

-Comme je suis à Paris je ne peux pas rester sans la parole de Dieu, mais le problème s'est que la vérité qui m'as été annoncée ne se trouve pas ici, dans les cœurs des français que faire ? Je vais devoir encore aller vers les baptises, car c'est ceux là mêmes, qui m'ont appris à mentir donc si j'y vais cela ne pose aucun problème. Alors Michel s'immisçait dans une églises baptise à Paris, et puisqu'il était un tambouriner et le maîtrisait à la perfection, et ça aussi, s'était baptise qui lui avait appris tout. En effet chaque Dimanche lorsqu'il tapait le tambourin une fille de l'église tombait sur son charme elle s'appelait Véronique, elle était belle et noire, une africaine mais née en France. Michel aussi l'aimait, mais vu qu'il était nouveau il ne connaissait pas les méthodes en France pour aborder une fille française. Alors il décida de passé par la méthode de l'église qui dit que lorsqu'un homme ou une femme aime quelqu'un, il doit voir le pasteur qui lui doit unis le mariage, car pour les pasteurs l'amour vient de Dieu, alors c'est à Dieu d'unis cet amour, parce qu'il est divin. C'était un avantage pour Michel. Ainsi après plusieurs semaines Michel verra en fin le pasteur pour exprimer sa flamme pour Véronique, qui elle aussi l'aimait alors l'union a été facile à célébrer. Après huit longs mois chez son cousin il décida de prendre sa petite demeure vu qu'il s'est marié à sa femme, alors il quitta chez son cousin Boukiby en lui exprimant toute sa gratitude, et lui dit au revoir. Voici que Michel vient de rentrer chez lui deux mois plus tard, et toujours travaillant dans les toilettes publiques, et c'est de l'argent ce job qu'il payait son loyer, les factures d'eaux et courant, cependant il était soutenu par sa femme dans toutes ces dépenses. Un jour, il prit maintenant le temps d'expliquer à sa femme l'Evangile qu'il avait reçu pour que sa femme soit sauver. Mais sa femme le traitait de quelqu'un qui avait perdu la raison et ne voulait plus entendre parler de ça.. Il faut donc suspendre le discours, pour lui donner du temps, car vraisemblablement l'heure n'était pas encore venu pour sa femme de croire. Son premier enfant va naître de cette union et s'était une fille, à qui il donna le nom de Joëlle Eunice, c'était une grande joie pour Michel, qui cherchera dorénavant de plus en plus, de nouvelles portes ouvertes pour y entrer et travailler. Apres la naissance de sa première fille, il demanda la nationalité française. Parce qu'en son Article 21 paragraphe 1 dispose que

« Acquisition de la nationalité française à raison de la filiation »

Créé par Loi 1803-03-08 promulguée le 18 mars 1803

Abrogé par Loi 1927-08-10 art. 13

Ainsi il lui sera attribué la nationalité française. Voici finit les cachettes à la souris peureuse de sortir de sa tanière pour n'être avalée par le serpent, finit tout ces jeux ennuyeux, me Voici en fin libre et légal sur le sol français. Dieu merci son destin est aussi bon que tumultueux, il continua dans la quête de bon job et en fin les portes de la sûreté le pris pour un stage et formation pour être dans le service de sécurité de la sûreté là encore cela est un succès, il a dorénavant un bon job et on est en fin 2003. Trois ans plus tard il revient au pays l'aventurier est de retour toute la famille est présente, on rit à des histoires très historiques, mais il était aussi jalousé par certains. Car d'autres disaient : « il est partir en France et nous, nous sommes ici subissant la misère. » Ah la vie si l'homme pouvait savoir et comprendre chaque problème que chacun traverse nuls n'aurait la bouche, pour l'ouvrir et parler mais hélas. Les hypocrites et les honnêtes sont dans le même bateau mais seulement personne ne sait ce qui peut se trouver au fond de la rive, donc mieux vaut de rire comme si de rien était, puis avancer et lorsque le bateau fait naufrage chacun sauve sa peau. Michel ne resta pas plus d'un mois et reparti, mais arrivé au pays il eut l'envie de réaliser. Alors il commença à économiser pour construire et créer des entreprises si possible. Apres cinq ans c'est-à-dire, en 2008 il fit une recherche sur internet pour se renseigner sur la culture du piment, car il a été un homme de la campagne avant d'être à Paris, donc le désir pour la culture était très grand.

Les recherches lui font comprendre que la culture du piment était très rentable, dix-huit millions pour un hectare de piment, mais c'est énorme!! Se disait-il et très rapidement il entra en contact avec sa petite sœur Laure qui était au village à fin de financer puis commencer le projet. Alors informa son cousin Guillaume, et très vite les premiers fond tombèrent, une estimation de cinq millions de franc. Mais une chose a échappé à la connaissance de Michel c'est que, dans le business on ne donne jamais la liquidité, mais seulement pour la paie des ouvriers car l'argent a toujours attiré de mauvaises pensées à son détenteur. Et malheureusement Laure et son cousin vont déjà faire de l'argent leur propriété personnelle, Monsieur Guillaume lui s'achetait des chaussures de grande marque, des téléphones de dernière génération et madame qui fait le tour des super marché Abidjanaise pour faire son shopping l'argent disparaît au fil du temps. Mais dans le même temps il est mis en contact avec une femme constable pour la gérance des ces affaires au pays et donc avec elle aussi il commence une plantation de piment aussi c'est elle qui est la gérante de l'argent qui vient pour mieux faire les compte. Avec cette dame le champ de piment a connu le jour contrairement à celui de Laure sa sœur qui n'est pas conscience du mal qu'elle cause à son frère. Mais Miche n'est pas du genre à garder un secret pour lui alors il appela sa grande sœur Adèle ainsi que son Grand frère pour leur faire savoir ce qu'il avait entreprit. Alors Nanegnon entra en contact avec la gérante pour en savoir plus, et pour aussi naturellement être le premier garant. Apres plusieurs souffrances dans la plantation, c'est le temps de la récolte,donc il faut que Nanegnon affirme son hégémonisme sur les biens de son frère Michel qui lui n'est pas au pays alors pourquoi confie-t-il ses entreprises à une arriviste ! Et non à son propre sang ? Il me faut résoudre de toute urgence le cas de cette opportuniste de vampire humain suceuse de sang, comme des moustiques en invasions. Disait-il !!

-Moi Nanegnon je ne pourrais pas me mélanger avec ce genre de femme indiscrète, qui se croit déjà une reine dans la gestion des biens de mon frère, que j'ai fait partir en France ?

Non ! c'est une femme qui veut s'immiscer dans notre famille pour prendre l'héritage de mon petit frère, mais ça !! Jamais cela n'arrivera.

Ah l'égoïste qui ne pense qu'à lui et uniquement à lui seul, il veut déjà retirer le pain de la bouche de son prochain pour ne plus à le voir vivre, pourquoi être autant mesquin ? Il fixe un rendez-vous à madame la gérante pour ruser avec elle, à fin de la mettre hors du champs de bataille. Mais elle ne sachant pas ce qui l'attendait, sympathisa avec lui puis le prenant pour son père car il était âgé, Mais Nanegnon était très bon pour être un grand acteur, car il savait caché et dissimulé ses sentiments qu'il conservait pour quelqu'un donc il jouait le jeu et attendait le moment opportun, pour frappé comme un serpent. Le jeu tournait et on attendait le temps pour dit Game over.

c'est la partie la plus intéressante mais très méchante, Car si tu es celui qui gagne c'est une partie réussie alors tu deviens si heureux mais le cas échéant c'est la catastrophe. Comme la victoire dans la course appartient toujours pas au plus jeune, mais au plus rapide et endurant, le vieux Nanegnon va ainsi écarter la comptable sur le terrain pour plus de liberté. Et là encore c'est l'intérêt de Nanegnon qui joue la partie, et sans adversité c'est donc le champ est libre et une partie gagnée d'avance. Miche avait reçu un rapport de son assistante, mais s'était son frère aîné il ne pouvait rien faire. Les projets se succèdent, de projets de transport, à la construction, de micro finances au micro entreprise, mais tous ça dans les poches de ses frères et sœurs, mais seulement du côté de sa mère.

Rien de tous ça n'a abouti, alors la comptable lui faisait une suggestion d'acheter un terrain dans un village que l'on appelle
Attinguie.
Heureusement, il ne déclina pas la proposition et il commença la procédure d'achat, lorsqu'il revient au pays en 2015. Il acheta un terrain moyen et plus précisément un terrain de quatre lots. Mais à la réalité, la moitié de l'argent avait été retenu par la comptable, prétendant que le démarcheur lui devait de l'argent dans un business, donc que de lui remettre, alors mieux vaut le récupérer en même temps. Alors le démarcheur lui dit :

-Toi et, moi n'avions signé aucun contrat disposant que tu pouvais récupérer l'argent quelconque, à défaut que je te payais pas !! Une chose est sure c'est que monsieur Michel me doit un million de franc, avec toi j'ai pas de problème ni rien de rien, donc je suis serein.
Tout ce discours se passa devant monsieur Michel car il était en vacances, et à cause de son étonnement, il ne savait quoi dire et quoi faire, alors il espéra un compromis entre le démarcheur et la comptable, mais malheureusement l'affaire a tourné jusqu'à ce qu'il retourne après son séjours et la comptable démissionna après deux ans de service. Il y'a une chose qu'il faut souligner, s'est que Michel à cause de l'Evangile, il réglait toujours avec sentimentalisme, il évitait toujours la règle de droit dans ses problèmes. En effet pour lui l'amiable pouvait toujours être envisageable, ce que pour moi n'est pas bon dans toutes les hypothèses. Il faut dans bien des cas recourir à la force publique, surtout dans son présent cas. Au fait les problèmes de Michel ne semblaient pas s'améliorer, bien au contraire ils se succédaient, l'un après l'autre, on aurait vraiment dit que le seigneur semblait ne pas écouter ses prières. C'est alors qu'après avoir analysé les documents du terrain acheté, par Michel, les papiers

qu'avait donné le démarcheur comme preuve de la propriété du terrain étaient malheureusement scanner. Et voici encore un nouveau défi auquel Michel doit faire face, en plus de ceux qui sont déjà en attente. Que faire ?? car le numéro du démarcheur était injoignable. Et Michel qui devrait repartir en France car son séjour de était fini, à qui confier le travail maintenant ? Tous ses frères et sœurs lui ont plus montrés qu'ils étaient plus malicieux que les étrangers, tout presse alors il se dit : mais si mes propres frères et sœurs m'ont tous arnaqués à qui vais-je confier mon travail ? Et bien les neveux sont là non !! Il faut donc que j'essaie avec eux pour voir. Bien évidemment Il avait des neveux, mais il avait un autre neveu, le fils de sa grande sœur, sa demie sœur, le jeune était semblait très intelligent, il était en classe de seconde et qu'il scolarisait bien sûr, alors Michel décida de lui confier ses affaires mais étant donné qu'il était un adolescent, et il ne pouvait pas avoir accès aux services bancaires donc il l'ajouta à sa petite Sœur Monique. La sœur à Michel bien sûr

Le neveu lui disait :

commence à bien te renseigner sur la crédibilité de la signature du chef pour qu'il soit poursuivis, ou nous donné les originaux des papiers. Car ceci est un acte de fraude grave pour un chef, qui signe des papiers scanner et je te suggère de me laisser géré cette histoire, et le terrain sera en ta possession avec tous les papiers originaux. Fais moi confiance. ! Alors Michel considéra la pensée du jeune garçon et lui laissa tous les papiers, en accordant une procuration à Monique pour la gérance des services administratifs. En 2017 étant en première il décida de convoquer une audience, la chefferie et le démarcheur, et la comptable pour mieux comprendre l'histoire du terrain. En effet sa requête à vue le jour, et pendant la réunion le chef foncier souleva un autre problème plus compliqué, celui de la justification et de la conformité de l'existence du terrain. Car il semblerait que le terrain en question était une propriété attribuée à l'Etat, mais plus précisément à la poste. Donc il était impossible de l'acquérir. Que fallait donc faire maintenant ? Alors vue que maintenant le problème n'est plus seulement sur la véracité des papiers, mais de l'existence du terrain qui appartenait à l'Etat, alors par conséquent, il s'agissait maintenant d'octroyer un nouveau terrain à monsieur Michel. Quel malchance pour Michel ??? Comment le destin d'un homme qui paraissait aussi chanceux, pouvait être aussi pitoyable??

Car c'est un miracle en ce temps de rentrer en France, mais les frères de Michel étaient tellement méchant mais et surtout son frère aîné, qui en 2014, lors de la vente de l'immeuble de son frère, Michel qui prétendait que l'immeuble était mal construit donc il fallait le vendre.

Nanegnon s'étant engagé à vendre l'immeuble, par l'intermédiaire de son grand neveu c'est à dire le premier fils de sa sœur aîné, qui s'appelait Roland, qui va créer un gros problème de taille à la famille et cela va aboutir à une division très importante. Mais je ne m'attarderai pas là dessus. Apres plusieurs marches et négociations avec la chefferie et le propriétaire terrien un espace peu grand sera octroyé en compassassions du premier en 2018, et avec les papiers originaux cette fois-ci. Noter que de 2000 à 2018, Michel n'avait plus une propriété au pays, ce qui était très malheureux car dix-huit ans en France, sans réalisation est une perte de temps. Mais à la sagesse et au dynamisme de Monique et de son neveu, Michel aujourd'hui à construire sa petite maison de cinq pièces. Et aujourd'hui encore Michel vit en France avec sa famille de trois enfants, deux belles filles et un jeune garçon agile, et très enthousiaste.

Monsieur Michel n'a jamais cessé de répondre aux problèmes des ses frères et sœurs en dépit de tous ce qu'il a subit car c'est un homme débonnaire et sachant que sa famille a des difficultés.

Il a déjà fait partir une nièce depuis 2010 qui c'est marié à un français à qui elle a donnée un si beau enfant qu'ils ont nommés « Marc-sens .»
Et aujourd'hui encore il en fait encore et encore pour chaque membre de la famille selon ce qu'il peut. Mais ce qui a été et est le problème, c'est que les choix de Michel en ce qui concerne ceux qu'il a envoyé en France était ciblé. Les enfants du côté de sa mère. En effet ceci est un véritable problème car les autres enfants sont à l'heure actuelle sans situation financière stable.
En ce qui concerne la conversion de sa femme Véronique c'est dix ans plus tard qu'elle crue, en l'Evangile ainsi que d'autres personnes jusqu'à ce qu'il y ait une Eglise à Paris.
J'ai conté cette histoire de cet aventurier pour faire comprendre aux hommes que la vie est toujours prête à recevoir tout le monde dans son choix et ses envies. Et que chaque homme a besoin de courage, à fin de faire face à ses démons et de s'élever. Et ce n'est qu'à ce moment là, qu'il peut vraiment commencé à vivre. Car la force et l'espoir sont un grand bouclier pour celui qui les possèdent sur le champ de bataille. En effet ce qui ne doit pas échapper à l'homme, s'est que tout le monde a un chemin qui est tracé par une juridiction divine, par un décideur suprême et face auquel, aucun homme ne peut rivaliser dans les décisions et les choix. « Décidez de vivre aujourd'hui, et vous vivrez pour l'éternité » ne vous méprenez point sur la façon, dont vous posez vos actions. Parce qu'elles détermineront vos résultats et vos fins. Aussi que chacun comprenne qu'au-delà de nos forces et courage, il y'a une autorité suprême qui écrit tout, et dont l'accomplissement ne dépend pas souvent de nous.

DEUXIÈME PARTIE II

Chapitre 4

Le mémoire de l'africain accablé.

Au centre du monde coule une rivière débordante de vies, des vies qui étaient si heureuse de voir le jour et de contempler les autres êtres qui cohabitent avec elles.. Nous sommes des humains tous comme vous, mais vous ne nous considérez pas comme les siens, nous avons vécus si longtemps sur cette terre, sans une autre chair semblable à la nôtre, et nous nous sommes dit, que nous étions des vies uniques ,Mais et pourtant des vies qui n'ont jamais rien values aux yeux des hommes.

Des vies que les hommes ont considérés comme la perse qu'il faut combattre jusqu'à sa disparition totale, et comme des rats et rien que ça. Mais pourquoi, vouloir irradier une race de la terre ?

Il y'a bien une raison à cette interrogation.

Sur la terre, Il y'a trois types d'humains :

Il y'a ceux qui écrivent l'histoire, il y'a ceux qui font l'histoire, et il y'a ceux qui content l'histoire. Pour ceux qui écrivent l'histoire, Ils sont comme des êtres suprêmes qui dictent et tracent tout ce qui doit se passer dans le scénario. Ils sont donc au-delà de l'imagination humaine, et leurs pensés sont insaisissable, personne ne pourrait comprendre ceux pourquoi, ils ont placés une virgule ou une telle voyelle dans une quelconque phrase. Quand ils écrivent, ils écrivent pour l'éternité et leurs pensées perdurent à jamais. Ce sont des dieux!

Ensuite Pour ceux qui font l'histoire, ils sont des personnages clés, les acteurs principaux de l'histoire qui à été écrite par les dieux.

Ils n'obéissent qu'aux règles et principes des dieux, du moins de l'histoire qui a été écrite.

Ainsi ils donne de la valeur à l'histoire, on s'inspire d'eux, on voudrait les ressembler pourquoi pas même être eux ?. Ils jouent un rôle important dans la compréhension de l'histoire, leur action est salutaire pour les hommes. Ce sont des héros.!

En fin les plus dangereux de tous ces hommes, et les plus venimeux, sont ceux qui décident de raconter l'histoire.

Si l'histoire est racontée dans le respect et dans l'honnêteté et dans la justesse, c'est un honneur pour celui qui l'a écrite. Mais si ceux qui la racontent, décident de mettre leurs pensées venimeuses pour l'embaumer d'information erronées, alors elle devient mortelle pour ceux qui l'écoutent, et un lavage de cerveau.

Mortelle pourquoi, parce qu'elle serait mal contée et détruira les idées et les valeurs de ceux qui l'écouteront. Et moi je penses que Le conteur de l'histoire est un homme, pareil comme celui qui l'écoute puisqu'il ne détient pas la vérité absolue, ainsi il n'est pas plus informé que Son auditeur. Quand on a décidé d'ouvrir son cœur pour faire place à une histoire sans fin Qui tende à détruire les valeurs propres alors on devient donc « un immense cimetière ouvert ».

Où tous viennent s'endormir. Quiconque le trouve, s'y enterre.
Parmi ceux qui content l'histoire et qui la content mal, il y'a nos amis, nos ego et êtres Semblables.

Quand j'étais sur la terre et faisais ma vie au fond du monde sans avoir à demander à quelqu'un qui vienne me bouleversé ma paix intérieure, ma joie et ma sécurité et qui vienne me prendre mes biens à grand nombres et mes richesses incomparables, et qui me dit ce Que Je n'étais pas.
Mais alors comment ai-je pu croire en ces choses qu'on me disait ?

Étais-je vraiment ce qu'ils ont dis de moi ? Si la réponse que je trouve aujourd'hui n'est pas assez suffisante pour comprendre ma nature alors je ne suis pas encore arrivé à la perfection et je demeure toujours ce qu'ils m'ont dire que j'étais. Je pense que j'ai crû en leur discours parce que je croyais être unique sur la terre et qu'il n'y avait pas d'être semblable à moi et pourtant c'était faux, l'être qui était mon voisin était trop rusé et moi trop crédule alors il emporta la bataille des pensées à manipuler les faibles. J'étais tellement heureux sur la terre qui était mienne Car c'est ce qu'ils ont affirmé, du moins c'est ce que mon voisin a dit.

Il dit je suis celui là même qui est le père de l'humanité et la mère de tous les hommes, car en mon seins elle a trouvé les premiers ossements humains, et c'est chez moi que tous les autres hommes sont partis dans toute l'étendue de la terre. Il dit que mon territoire était redouté par mes voisin proches comme lointains, j'étais un fleuve de vie qui traversait les quatre coins de la terre, et pour mon voisin, selon lui je pourrais être même Adam et alors Mon territoire serait donc Éden. Alors si je suis Adam et que mon territoire était Éden alors pourquoi je suis devenu un séjour des morts ? Pourquoi je suis devenu un immense cimetière ?

Car me Voici depuis longtemps j'enterre mes enfants, j'enterre mes parents, j'enterre mes frères et sœurs, mes petits enfants ne grandissent même pas et retourne à la morts. Et pourtant j'ai vécu chez Dieu ou peut-être C'est Dieu qui a vécu chez moi ?

Si c'est moi qui es vécu avec Dieu, c'est-à-dire que j'ai vécu chez lui, alors vraisemblablement

J'ai pas suivi ses principes et il m'a mis à la porte. Ou si c'est Dieu qui a vécu chez moi, alors.

Certainement je ne l'ai pas bien accueilli donc il a dû quitté ma demeure. Dans tout les cas, je suis un malheureux, car mon voisin a sellé mon sort par la volonté de Dieu que j'ai pas certainement honoré. Mais si tout ce si n'est pas le fruit de celui qui est l'être suprême alors comment justifier cette situation qui est très pathétique ? Ou peut-être mon voisin était trop puissant que moi ? Dans ce présent cas il n'y pas de Dieu qui existe, car ici il s'agira de Dire que la course est aux agiles, aux endurants et aux rapides. Moi ce que je sais, s'est que

J'étais le premier à vivre sur la terre, mais comment cela s'est fait et je suis devenu le dernier

Des

Hommes, çà !!

Je me pose encore des tas de questions, auxquelles il faut trouver des réponses Convaincantes pour mieux avancer. Il me faut remonter très loin et même dès le commencement de toutes vies, je sais que la vie a commencé chez moi dès le départ. Et moi,

Le grand pharaon qui détenait le fil conducteur du monde, je gouvernais seul, sans partage

De mon hégémonie, mais quand ses palestiniens et les philistins ont décidés de venir

Troubler ma demeure, dès ce jour ma chute commença et mes enfants devenaient alors les esclavage des hommes blancs.

Et à cause de la terreur et de la malice des hyksos qui sont venus envahir mon royaume et tuer m'es bras valides, j'ai été obligé de rester sans mes fils et filles, qui fuient alors vers mon côté sud et ouest puis abandonnant mon côté nord aux brigands envahisseurs. Je me suis aussi dispersé sur la terre entière, et je suis devenu un être méprisé que les hommes on appeler le noir. Lorsque j'ai décidé de vivre du côté sud et ouest de mon continent, j'ai ainsi signé une fin des choses plus nobles que je possédais. C'est-à-dire ma force, mes grands dieux mes richesses et ma dignité à garder toujours le flambeau allumé. Depuis près de deux millénaires je suis en face de mon semblable, et il me traite avec tant de cruauté et je vis

Donc dans la tourmente. Vous me donnez trop de raison de me battre contre vous, et

Pourtant je

Suis seul contre trois, comment pourrais-je m'en sortir ?

Ça !! Ça dépendra de moi, parce qu'entre la vie et la mort il y'a « la bataille » soit tu te bats et tu vis, où tu lâches prises et tu meurt, tout dépend de toi. Moi aujourd'hui je crois

Fermement que la première acception me va, parce que je suis à bout de patience et je

Pense que c'est donc la fin ou mes enfants meurent pour des raisons de liberté. Maintenant que j'ai opté pour la bataille, comment vais-je m'y prendre, pour me détacher de ces hommes qui pensent être les meilleurs de la terre ? Non ! ils n'ont pas compris que je suis le plus béni de tous, et que c'est moi qui met au monde le bleue, le jaune, le rouge, le blanc, et tous ce qu'ils

Peuvent s'imaginer.

C'est de moi, que vous êtes venu sur la terre et vos origines remontent jusqu'à moi, Mais à cause des temps et les endroits, tout ce que vous appelez les climats, ont fait de vous ce que

Vous êtes aujourd'hui des hommes « blancs »

Et maintenant, vous, me regardant pensez naturellement que suis un répugnant et horrible être, ainsi donc il faut me faire disparaître. Vous voulez tuer vôtre propre mère ? Et d'ailleurs si vous me tuer comment feriez-vous pour vivre ? Vue que je suis celui qui vous

Apporte tout, qui travail dans les champs pour vous nourrir. Vous êtes donc plus horrible que moi !. Vous vous retourner contre votre famille sous prétexte qu'elle est peut être très

Pauvre et laide, mais hélas !! Et pourtant elle vous a mise au monde, vous qui êtes un bel

Homme et

Prince, du monde aujourd'hui. Donc maintenant pour vous, votre famille ne vous vaut plus ?

C'est le fait d'être insensé et ignobles, ne pas reconnaître sa famille à sa juste nature. Parce que Moi je suis vôtre famille, moi je vous aime sans jamais un jour renier l'un de vous, car je suis Le berger et vous le troupeau. J'ai deux méthodes de vous suivre, soit je suis devant vous, pour vous montrer le chemin à suivre, ou soit je suis derrière vous pour aider les brebis boiteuse ou faible à avancer. Et mon cœur a toujours été en amour pour vous. Mais vous, vous êtes devenu des Rebelles pour me détruire, je suis devenu une terre qui enterre ses vie, vous avez fait de mon palais un cimetières incomparables. Vous mettez le feu dans ma couche, vous me faites la guerre pour des raisons de biens périssables, pourtant si vous demandiez, c'est certain que vous alliez recevoir. N'a-t-il pas dit « quiconque demande reçoit ? » mais hélas, la méthode pour vous c'est la pluie des balles sortant des mitrailleuses, et vous incitez la haine entre mes enfants et ils s'entretuent, à cause de leur ignorance et leur stupidité. Et après ils vous pointent du doit, vous remettant la faute, car pour ces abrutis,

C'est naturellement vous les responsables, et moi je dis non.

Parce que figurez-vous que, quand un étranger entre dans une cours familiale et y sème du trouble, et parvient au succès de son entreprise, alors je dit que, soit cette famille est sans responsabilité, et sans pudeur, ou soit elle est divisée en elle-même. Sauf qu'avant elle n'avait pas encore reçu la flamme qui enclencherait l'incendie, et donc lorsqu'elle l'a reçu, alors ça devient tellement rapide qu'elle-même n'arrive pas souvent à comprendre le comment des événements. C'est ainsi que mes propres enfants se tuent à travers vos manies malicieuses, et ils mutilent et violent les femmes et leurs mères et sœurs à cause de vous. Pouvez-vous me dire quand est-ce que mon continent cessera d'être un immense cimetière ?

Lorsque vous vivez avec les enfants de vos enfants, n'êtes vous pas heureux ?

Mes chers fils et filles, si vous ne voulez pas manquer d'eau, il vous faut creuser votre puis pendant la saison sèche, car lorsque tu auras trouvé de l'eau, à cette saison c'est certain que tu ne manqueras jamais d'eau même pendant des saisons très sèche. Mais si tu creuses

Pendant la pluviosité c'est évident que tu trouves l'eau très rapidement, et pendant la sèche saison l'eau aura disparu. Transmettez cette maxime à notre situation et vous comprendrez.

Parce que le discours qu'ils tiennent depuis longtemps est :

« le problème de l'Afrique c'est qu'elle voit le mal partout, et se sent négliger, se voir Abasourdi, pense qu'elle n'est rien aux yeux des autres peuples, facile à être berner car son Peuple est trop crédule.

Elle n'a jamais réalisée qu'a été sa place, un continent accusateur qui renie toujours sa responsabilité aux yeux du monde. Qui confit son avenir à son semblable, décline toutes responsabilités qui en découlent des ses actions. Il voit le mal partout. »

Et maintenant vous mes fils voici votre discours :

« ils m'ont dépouillés de ma dignité, ils m'ont pris mes enfants, mes biens et mes richesses, plus tard, que de me récompenser après avoir faire la guerre à leur côté, ils m'ont plus tôt psychanalyser, ils m'ont dit tu es un barbare à l'état pure de nature, né pour servir aux tables, et tu n'as pas droit au bonheur tu es le moindre parmi tous, c'est ça ta vraie identité. » Ainsi

Parle le negro. !

Maintenant écouter moi bien, et prenez ce qu'il vous faut pour arriver à bon port, car le temps n'est plus au aguets mais à la bataille pour la liberté, car le temps des hommes bornés est à son comble, le temps des hommes à l'esprit manipulable est finit, le temps où mes premiers enfants marchaient à peine seul sans conducteur digne, sage et de bravoure est à la mémoire des archéologues. Mais aujourd'hui nous leurs ferons la guerre, puisqu'ils nous ont inculquer leur civilisation, donc maintenant on peut bien les vaincre, en nous servant de nos langues communes pour les combattre. Lorsque nous nous exprimerons dans nos Langues, c'est certain qu'ils ne comprendront point et nous aurons de l'avantage sur eux, puisque déjà nous
Comprenons leurs langues.
Cependant c'est eux qui détiennent toutes les armes de destruction massives, comment faire ???
Mais putain cette race, mais comment a-t-elle pue se pérenniser sur la terre ?
Pourquoi nous N'avions pas pu être plus futé qu'elle ?
Les gens de couleur sont plus nombreux que moi, alors ils uniront leurs force, et je n'aurai aucune chance face à eux. Mais deux choses peuvent être envisageable, soit je fais tout pour me frayer une place parmi eux, en acceptant toutes les frustrations et déshonneur pour espérer d'être pris avec compassion, ou je leur fais la guerre jusqu'à ma dernière respiration.

Tout est envisageable. Quand vous, les hommes blancs avez décidés de partager ma terre entre vous, et de nous dicter vos lois et règlements, j'ai depuis lors nourrir une idée de vengeance à travers tout les moyens possibles. Regardez vous-même comment mes enfants vous adressent des chansons de révolution, des discours politiques révolutionnaires, des films pour vous faire comprendre

de nous libérer, mais vous, vous faites comme si de rien Etait, comme si vos oreilles et vos yeux ne fonctionnaient plus et que nous prêchons dans le désert. 'est pourquoi les autres peuples aussi de même couleur que vous qui vivent en orient et au moyen orient, ont décidés de vous faire une guerre stratégique sans affrontement direct, car vous les aurez vaincus à premier tirs. Ils ont donc transformés vos demeures en une université de deuil, et vous êtes donc toujours hantés par leurs actes, que vous jugez
Naturellement d'immoralité et de criminalité volontariste.
Vous ne comprenez pas pourquoi, c'est chez vous ils attaquent expressément et pourquoi vous uniquement ? Mais la thématique est très simples, vous les empêcher de vivre. Vous venez chez eux pour tout récupérer et vous semer la pagaille et le désarrois, ils ne finissent jamais d'enterrer leurs familles et de pleurer leurs proches et tout, à cause de vous. C'est pour cette raison que leurs guides religieux ont alors, adoptés une stratégie de guerre, à travers la religion. Ils disent à leurs peuples que, Allah leurs garantie le paradis, s'ils exterminent tout ceux qui ne croient pas en lui. Et le plus inconcevable, c'est lorsqu'un de vos plus petits enfants trouve la mort par une quelconque action du noir vous le traduisez précipitamment devant vos tribunaux pour qu'il soit jugé et condamné. Cependant et vous, qui jugera vos Monstruosités ?
Puisque c'est vous les chiens de garde des tribunaux que vous appelez des juridictions internationales pour les crimes commis contre l'humanité. Mais c'est pourtant vous les maîtres de la terre, les héros de l'espace au cœur. Et pourquoi s'est toujours le noir qui Comparaît devant ces tribunaux ?
Quand nous laisserez-vous ? Pour aussi vivre comme vous, pour pouvoir voir nos enfants Grandis, pour pouvoir aussi partager le vin de notre vigne, pour manger les fruits de nos Productions. Mais quand est-ce serons nous aussi libre ??

Regardez par vous-même, que lorsque vous venez chez nous, un continent libre et sans grillage, ou l'or est à la porté des doigts vous n'avez pas besoin de Visa à grand moyen. Vous venez comme des touristes, comme des historiens chercheurs, comme des mathématiciens et physiciens à la découverte d'une nouvelle science, d'une nouvelle culture, et d'une nouvelle race. Vous venez, et mes enfants vous applaudissent, ils vous contemplent et vous laissent leurs sièges, et vous, en vous relevant, vous partez et avec les sièges, et avec tout ce qui y ai Aux alentours, puis vous les réduisez en servitude.

Comment vous pouvez parler des droits fondamentaux des hommes ?

Non vous n'êtes quand pas sérieux ? vous ne jouer qu'à un jeu que vous seul maîtriser, et

Que Personne d'autre ne pourrait remporter.

Et bien, comme aujourd'hui vous avez presque dévasté ma terre, et vous avez tout pris chez moi, alors mes enfants me fuient. Ils fuient la faim, la misère, la guerre pour aller voir où est-ce que, tout leurs biens sont allés. C'est pour cela qu'ils bravent les vagues de l'océan pour espérer atteindre l'autre côté du monde. Mais là encore vous les exterminer dans cette eau froide, et vous abandonner leur corps aux poissons pour qu'ils servent de nourriture.

Mais comment êtes-vous si cruel, pour pouvoir faire ça à des hommes comme vous ? Et bien mon cœur est à la mort à cause de vos méchancetés, car je vous regarde et je vois des gens sans cœur. Si vous n'aviez pas rendu l'accès à votre territoire difficile, il ne serait pas question de passer par de moyens, assez meurtrier pour arriver chez vous. Et si vous n'aviez pas transformé ma terre en cimetière je serai le plus heureux de toute la terre car chez moi, les tremblements de terre n'y séjournent point, les éruptions volcaniques n'y font point escale, et Les torrents n'ont pas de place pour faire repos.

J'ai tellement de paix en ce qui concerne les dangers naturel, alors vous avez jugés meilleurs Entre vous de me faire souffrir par des bruits guerres.
Ah mes fils politiques, c'est plutôt vous qui tuer mes enfants et mes femmes. Quand vous marcher sur leurs grands tapis rouge et vous sympathiser pour vos ventres, et après vendez ma terre, c'est plutôt vous qui détruisez ma famille, c'est vous qui encouragez les meurtres.
Oui monsieur le président je vous ai laissé la garde de ma terre en espérant que vous alliez la protéger et la faire valoir devant les hommes, du moins devant ces États dominant. Mais zut !! Vous avez plutôt décidé de vous familiariser avec mes ennemis, des gens qui sont le moteur de ma souffrance, de mon exaspération. Pourquoi n'as-tu pas choisis quelqu'un
D'autre que lui ?
Vous et moi avions décidés de ne plus jamais être encore assujetti par qui que ce soit, et que dorénavant nous ne serons plus jamais être des gens qu'on a l'usure. Vous avez une langue très tendue comme celle du serpent, croyiez vous que mon peuple ne se s'aurait pas détaché de vos actions belliqueuses ? Retenez toujours ceci « le film peut être très long et très rude
Mais une chose est sûr c'est que tôt ou tard il prendra fin et que le bandit mourra» c'est la logique des choses. Et vous hommes politiques européens s'est à vous que je m'adresse, pourquoi vous semez l'épouvante dans mon ventre ? Pourquoi vous troublez mon breuvage ?

Jette un regard sur moi, Monsieur le président, mes yeux se lassent, à cause des larmes qui y coulent. Ma voix ne porte plus comme pendant ma jeunesse, j'ai vieilli, alors laisse moi regarder mes enfants grandir. Comme ceux de ta terre bondissent au levé du soleil, à la vue De la lumière du jour. Comme les vieillards

de ton peuples se rassasissent de jours, laisse les Miens aussi vieillir. Pour une seule fois, laisse nous vivre.
Maintenant à vous mon peuple.

Vous devrez alors comprendre que, quand un chef d'état américain est élu, mais et surtout lorsque un noir a été élu, les peuples noirs on eut de l'espoir, mais et surtout ceux de ma terre, ont triomphé de joie car pour eux ils seront libres à jamais. Mais ce que mes enfants n'avaient pas compris, et que j'espère maintenant qu'ils comprennent, où comprendront, s'est que tout chefs d'état américains qui a été élu, a été élu et vient au pouvoir uniquement pour les biens des peuples américains, pareils pour les Européen, et les asiatiques. Donc aujourd'hui sachez ceci : « si vous cherchez la liberté, commencer à vous aimer d'abord vous Même, à vous acceptez les uns et les autres Car c'est tout ce que vous avez comme force »
Autrement vous serez toujours mutilés et toujours asservis. »

Sachez-le bien, que la France de depuis le président Dé-Gaulle, passant par Jacques Chirac,

Pour arriver à Sarkozy, et terminer sur Emanuel Macron, sont tous venus dans l'intérêt de la France et pour la France, tous travaillant pour la France et mettant en pleurs les pays africains par la guerres. Si tout arrive selon un dessin divin, comme les religieux le disent et le croient, alors il est important de dire que, si le monde a été un spectateur de la scène politique qui s'est vécu, et qui se vit encore en terre africaine, et qui a considérablement causée la souffrance et la mort des fils et filles Africains, doit aussi admettre l'idée divine qui occasionne la mort des vies aussi innocentes, comme les miennes et les siennes, par les actions Djihadistes. Mais si cette scène n'a rien d'une version divine, alors je note que les politiques français et Européens ont volontairement décidés de causer la souffrance des peuples africains. Et les actions des Djihadistes sont immorales et impardonnable.

C'est pour en effet bondir sur l'histoire de cet jeune homme, qui part en France pour des raisons assez obscures. Qu'il faudrait maintenant lire.

Chapitre 5

Un jour, comme tout autre jour, où les hommes se lèvent les matins pour chercher à répondre à des obligations, mais des obligations qui sont très diverses dans chaque foyer.

On dit très souvent que, « chacun a ses problèmes » Mais voyant ce soleil se lever sur la capitale de l'Algérie, avec sa douce lumière de six heures, on aurait presque dit que s'était le Paradis. Et que jamais son éclat ne serait plus assez fort, jusqu'au point de rendre la bonne humeur en horreur. Vue que les pauvres et les riches vivent en concubinage étroit, et très bien sûr qu'il y a des pauvres entre les riches et les riches entre les pauvres, ainsi dans ces rangs vivait aussi une famille moins aisée. Dans cette famille il y avait un jeune homme du nom d'Ali Oumar.

Qui partir pour la France par des moyens que l'on appelle « l'immigration clandestine » il avait un amour grand pour la France lorsqu'il était encore enfant et il rêvait toujours d'y séjourner, même ne serait-ce qu'une semaine. Cependant il est très souvent que nos rêves d'adolescents, les plus fou peuvent être malheureusement déguisés et peut-être même gommés à jamais. En effet ce qui fait le plus mal dans tout ça, c'est pas le fait qu'on ait gommé les rêves dans ton cœur, mais la nature qu'on te redonne, la machine qu'on crée Pour détruire c'est ça, le plus effrayant. Les parents du jeune formèrent alors une machine de destruction massive, depuis qu'ils lui racontèrent l'histoire de l'Algérie, pour son accession à l'indépendance, comment les algériens sont morts durant cette période. C'est ainsi que l'amour qui a été conçu pendant plus d'une décennie, c'est transformé en une haine sans définition. Depuis lors, tous les hommes blancs étaient devenu un dégoût pour Ali Oumar après que ses parents lui ont comptés l'histoire de la colonisation des africains, mais surtout celle de sa race. Ali Oumar se jura tout seul de venger le sang des ses frères et sœurs qui sont mort dans ce mouvement que les colons ont initiés. Depuis ce jour-là, il se cultivait sur la façon dont ses parents étaient morts durant la période coloniale, dans les eaux et ça et là !! A la vérité dite cette initiative a fortement encourager ses désirs de vengeance.

Lorsqu'il devint mature il décida de quitter sa patrie pour la France, alors il quitta son pays l'Algérie. Mais imaginez-vous cents trente ans de servitude et une vengeance gardée dans le cœur, il faut dire que cela ne sera pas donc un thème très facile à faire disparaître à l'esprit par des discours flatteurs. Ali était décidé de mettre toute la France à terre, les petits et les grands. Et le voyage était engagé, le parcours était rude et tumultueux et parmi ceux qui étaient avec lui, qui certainement avaient leurs propres rêve différents de celui d'Ali Oumar, qui partaient pour leur curiosité de connaître cette grande France et belle, mais aussi pour une meilleure condition de vie. Car c'est quasiment la raison pour les africains qui bravent Les Vagues de la mer.

Parmi les passagers, se trouvait un autre homme appelé Salam, qui lui aussi avait les mêmes Ambitions que, Ali Oumar alors ils se côtoyaient réciproquement sans toutefois fois se dire ce que chacun allait pour faire réellement en France. Ils se disent tout simplement j'y vais pour une vie meilleure. Ainsi donc les jours passaient et ils n'étaient pas encore près de la traversée de la mer, donc le chef du convoie dit à tous les passagers de bien vouloir prendre un peu d'air et faire toutes leurs toilettes, alors tout le monde descendu et chacun cherchait aventure pour essayer de se prépare au pire car souvent peu de personnes y arrivent. Une heure plus tard le convoie démarre et nous voilà arrivé au bord de cette vaste mer avec ses vagues. Mais dans ce qu'ils devraient embarquer, n'était en rien de comparer à ce que les gens décrivaient chez eux, c'était une pinasse mais très endommagée par la lutte de ceux qui y sont montés pour aussi essayer d'arriver à leur objectif. Alors la peur s'installe les Interrogations sont inévitables. Devront nous montés ??

De gré ou de force j'ai déjà parcouru un désert plus dangereux, le reste dépend de moi et mes ambitions sont plus fortes que la force de la mer. Ainsi donc je monte Il faut arriver par Tout les moyens possible. Tout le monde s'engagé alors pour la montée et la pinasse se déplaçait à un rythme effrayant, le plus décourageant et le plus pitoyable était de voir ceux qui nous ont accompagné jusqu'à la pinasse se retourner et nous laissaient seul sur cette eau sans pitié. Ali Oumar et Salam était tout deux assis côte à côte comme si le destin voulait les réunir dans leur rêve au vue de mieux consolider les liens. A quatre heures de marrer ils Arrivent dans une zone très perturbé par le vent, mais leur navire sera à la portée du vent à une quelconque soufflé, et pourtant il semblait être accroché. Mais quand la peur prend le déçu cela se transforme en psychose et la psychose se transforme en paranoïa, pour être totalement incontrôlable. Un jeu homme de quinze ans, à la vue des vagues commença à crier et implorer la grâce d'Allah disant : (Allah sauve ton peuple) et il faisait des Bousculades comme s'il voulait se mettre en position de prière, mais malheureusement son action semblait ne pas plaire à Dieu car la pinasse se renversa et tous tombèrent à l'eau.

Plus le temps pour les autres, car ici et maintenant à chacun selon ses moyens. Et plus de la Quasi-totalité des gens se noyèrent et mouraient. Cependant Ali et Salam comprirent que la bonne manière de s'en sortir, était donc de s'entraider. Et vue que Salam était un peu légèrement âgé qu'Ali, alors il saisit la pinasse pour la retourner et aida Ali Oumar a y remonter. S'était un acte de bravoure car il en sauva plus de cinq personnes de l'eau. Encore cinq heures de plus, et ils atteignirent les côtes italiennes, là encore un autre défi de taille est a relevé, il faut courir pour arriver à l'autre côté pour échapper à la Police maritime. Maintenant la victoire appartient aux agiles et aux rapides, Ali Oumar ne se trouva dans cette perspective, alors il fut appréhendé par les autorités Italiennes, qui le firent transféré dans un centre d'immigrants clandestins. Là-bas il y'a des gens en majorité de couleurs noires et Ali ne sens pas la vengeance dans les cœurs et sur le visage. Mais plutôt des gens qui étaient sans espoirs, et sans rien dans le ventre effrayés par la terreur de la mer.

Alors il décida de rester un bon moment seul, sans jamais parler à quelqu'un. Si la vie a ses raisons de faire les choses, de rendre le cœur des agneaux en des cœurs des loups, à cause d'un désir de vengeance, alors accordons un peu de sens de compréhension aux hommes qui aspirent à la vengeance. Un jour Ali oumar était alors entrain de lire un journal sur l'immigration clandestine, mais les informations qui y étaient dites, le révoltaient à un tel tempérament que tous les hommes blancs étaient devenu des rats pour lui, à abattre. Moi je me pose une question. L'homme est-il une nature, ou une société ? Parce que s'il est une nature, alors la faute revient à une supériorité. Et où s'il est une société alors la Responsabilité de ses actions incombe à son semblable car c'est lui qui l'a éduqué. Qu'on me soit de gré ou pas, la responsabilité est à deux degré. Les jours s'écoulaient, plus ils durèrent, plus il y'avait de forte chance qu'on les rapatrie. Son ami Salam de son côté en Italie sévissait la faim et la soit, alors il se dit : « il faut à tout prix descendre en France, car c'est avec la France que tout a commencé alors c'est avec elle que tout doit continuer pour s'y terminer.»
Salam décida alors de retrouver Ali oumar à travers des méthodes qui risquaient de le rapatrié mais il y consenti tout de même. Il savait que s'il sortait, les autorités italiennes
L'arrêteront et avec un peu de chance ils le transfèreront dans le centre des immigrants donc il sorti. Mais les choses ne sont pas toujours comme nous le pensons et comme nous le prédisons. C'est là que les autorités l'appréhendèrent effectivement mais ne le transfèraient pas directement comme il avait cru. Ils le conduisaient plutôt dans un coin très secret pour le tabassé avant de le transférer dans le centre. Étant arrivé dans le centre avec tant de blessures et de douleur, il pensait et son cœur cherchait tout simplement Ali. Il est conduit à

L'infirmerie pour être soigné de ses blessures, mais quand l'infirmière finit de le soigner, il se précipita vers les autres immigrés en vue de trouver Ali. Il chercha Ali mais rien, et tourna sur lui-même mais toujours rien. Mais au fond sous un arbre, voici Ali qui était assit en train de feuilleter un vieux journal Italien qui parlait des régimes politiques africains que les français et italiens caractérisaient de dictature. Moi ce qui m'enthousiasme, c'est que s'est toujours les européens qui savent décrire tous les régimes politiques du monde. Comment les gouvernants doivent gouverner, quel régime politique ils doivent avoir. C'est ça le plus fantastique. Alors Salam s'approcha de lui avec un grand empressement mais ses blessures lui faisaient handicapes. Alors décida de plus tôt crier son nom en espérant qu'il vienne à lui.

Alors disait : Oumar !!

Et Ali levait légèrement les yeux sans un ère surpris, mais lorsqu'il vu que c'était Salam il Courut très rapidement vers lui pour le serré très fortement, car pour lui Salam ne vivait plus.

Mais comme il le serait très fort Salam lui faisait des grognements pour qu'il sache qu'il lui Fessait mal. Alors Ali lui demanda en arabe que c'est il passé ? Salam expliqua par quels moyens il passa pour le retrouver et tout ce qui lui était arrivé. Toujours en arabe.

-Ainsi donc ces hommes pensent qu'ils ont tous les droits sur nous ? Ils comprendront que nous sommes pas leurs esclaves, que nous sommes libre plus qu'eux, je t'assure qu'ils imploreront notre amnistie. Mais toujours en arabe. Alors Salama lui dit évite de parler

Comme sa, si tu ne veux pas être pris pour être enfermé pour des paroles qui sont dites en l'air soit patient on aura notre temps et notre chance. L'Afrique aura son temps.

Puis il lui dit :

-allons aseyons-nous quelques part. Ils avançaient tout doucement à cause des maux de Salam, mais soudain ils eurent des bruits comme des lacrymogène, ils ne comprirent pas ce qui se passait exactement alors ils décidaient de rester à distance pour s'informer et se garder en vie pour d'autres choses bien plus importantes que ça. En réalité s'était une bagarre entre les immigrés, alors pour ramener la tranquillité, les services de sécurité y jetaient de lacrymogènes pour apaiser les émeutes. Alors Salam demanda à Ali Oumar :

-Ali peux-tu me dire exactement ce que tu allais faire en France ?

Tu sais aujourd'hui tu peux tout me dire, même si on se connaît pas encore bien, mais nous étions des voisins de l'équipage, et au-delà de ça, nous sommes devenu des frères. Soit sans crainte car moi je te vois comme un frère et tu sais comment je me suis débattu dans l'océan pour nous sortir de l'eau, et comment j'ai pris des risques pour te retrouver ? Alors Tu dois comprendre que moi je suis ton frère Ali, dis moi ce que tu partais chercher en France là au moins je pourrais mieux t'aider, du moins on pourra s'aider, est-ce que tu comprends ??

Ali le regardant lui dit :

-Peux-tu me dire pourquoi nos parents et frères algériens sont morts durant la période coloniale ? N'est-ce pas à cause des français ? qui nous ont réduits à la servitude pendant plus de cent trente ans ? Moi je vais en France pour venger tous mes parents algériens qui sont morts par les mains des colons, et peu m'importe tes raisons et tes avis moi j'ai pris mais décision. C'est pour cette raison j'ai qui mon pays laissant ma famille et tout derrière, bravé les vagues de la mer pour arriver ici, alors il me faut arriver en France par tout les moyens. Et

Je dis bien par partout les moyens.

Mais après son discours si haineux Salam le regarda et souriait légèrement comme s'il voulait Lui dire que tu as pris une décision d'un héros, et moi je suis avec toi. Puis il lui dit :

-Ça c'est mon frère que je viens de retrouver, et bien moi je crois que, je connais quelqu'un qui peut nous faire entrer en France, quand j'étais au pays j'étais dans une association anti-politique française. C'est pour la même raison que toi que vais en France. Seulement c'est un moyen dont je sais pas le niveau de sécurité, on m'a juste remis son contact, si J'arrivais ici en Italie je devrais l'appeler pour me faire passer la frontière, alors on devrait tenter le coup

Pour y arriver. Alors Ali Oumar lui dit :

-Mais pourquoi ne m'as-tu pas dit que tu allais en France pour la même cause. ?

Mais Salam lui dit : je ne pouvais quand même pas trouvé quelqu'un dans une pinasse, et parce qu'il semble être l'un des notre, et comme je l'ai secouru alors il faut lui divulguer mes actions.

Non Ali pour rien au monde. Et pense tu que je n'es pas vu ton regard de haine lorsqu'on parle de la France ? Moi je savais déjà que tu nourrissais un esprit haineux, mais pas à un si grand niveau. Et je crois que tu es dévoué, mais sache que c'est en affrontant ta peur que tu prouve ton courage, car même les plus valeureux en s'approchant tout près but, tremblent

Et échouent avant même d'atteindre sa cible. Alors sache que c'est pas une affaire de jeux vidéo et les films d'actions mais une réalité. Crois-tu vraiment être près pour agir ?

Alors Ali répondit :

-D'abord sache ceci « on est jamais assez près pour être près » Et je n'ai aucune peur en Moi, et une chose est sûr c'est que je me vengerai des colons.

-Bien, alors je pense que dès demain on s'en ira d'ici, mais en attendant que mes douleurs s'apaisent allons chercher à manger dans leur restauration et essayer de penser à demain,

Disait Salam.

Lorsque Salam et Ali arrivèrent dans la restauration du centre, et qu'ils s'assirent, un monsieur

Vint à leurs table et leur dit :

-Mes jeunes monsieur bonjour, comment allez-vous ? Et l'Afrique ? Vous êtes africains n'estce pas ? Que faites-vous en Italie loin de votre pays ? Bon à vous voir, je crois que vous êtes en train de fuir la famine qui sévit votre continent, mais bon désolé hein, je vous embête avec mes sottises. Et il s'éleva sans un mot de la part des deux jeunes algériens, puis s'étant levé il Marcha et parla tout seul comme s'il était ivre. Alors Salam dit à Ali :

-Regarde ces hommes qui sont tout le temps ivres, et qui racontent que des imbécilités, est-il

Malade ce poisson pourrit ? il mérite la mort, a fin d'atténuer sa souffrance, parce qu'il est Misérable. Mais Ali ayant pris la parole lui dit :

-Tu sais honnêtement moi, j'ai pas vraiment de temps à perdre avec des hommes comme ce gros porc, tout ce qui m'importe en ce moment, c'est comment arriver en France. C'est tout ! Après sa réponse, Salam lui dit :

-Patience, patience mon frère on y arrivera certainement. Attends j'appelle mon contact dont je t'ai parlé, il nous renseignera sur la façon notre départ sera organisé. Il appela donc son contact qui lui disait qu'il n'y avait pas de point

d'organisation fixe mais néanmoins demain ils devraient se présenter à un carrefour de la ville au bout d'un tunnel puis de là, il les prendra pour passer la frontière pour atteindre la France de De-gaulle. Lorsque le matin arriva, ils s'échappèrent du centre, et partis à leur rendez-vous, ils suivirent les instructions à la lettre et les choses se passèrent sans complications. Car ce contact il me semble certainement qu'avait une très grande relation pour qu'il passa avec des gens sans qu'on l'appréhende sur une frontière française. C'est assez superflu, mais une chose est claire, il devrait être dans une forte organisation de grand Mafia, car il passa comme si c'était une simple circulation ordinaire, mais et surtout avec des gens qui étaient sans papiers et qui avaient la soif de tuer
Tous les français.

Chapitre 6

Ainsi voici la frontière française de grillagée, et les terroristes sont entrés sur le sol français.

C'est un désastre qui se prépare !

Ils sont enfin en France, voilà le grand jour tant rêver, Salam et Ali sont en France avec des désirs de vengeance, alors ils intègrent très rapidement les associations des Djihâdiste et Alcahida pour transformer la France en une université des Djihadistes. Et aux fils des années

Ils deviennent des chefs du groupe.

Pour massacrer les petits, et les grands dans tous les recoins de la France. Dans les jeux de sport, dans les marathons, pendant les fêtes d'indépendance, dans les cérémonies, dans les places etc.. ils transformaient la France en une erreur qui n'est jamais existé. Un jour Ali décida de marcher pour voir le dehors pour visionner les coins les plus denses pour qu'ils frappent le jour opportun, alors dans ses aventures, entra dans un super marché et y trouva

Trois femmes françaises. Puis il leur dit :

-Vous avez des Désirs des mécréantes et vous êtes ignobles sales femmes. Mais ces femmes

Etant tellement étonnées et scandalisées n'eurent presque pas un mot, mais une parmi elles prit un tour de force et lui dit :

-Mais monsieur est-ce que vous êtes normal ? Comment pouvez-vous voir des gens comme ça et vous vous permettez de les injurier ? Vous ne manquez pas d'air franchement il faut vous Faire soigner car vous êtes très malade.

Alors Ali lui dit :

-Tu parles comme si tu étais sage mais jamais vous les français n'aviez été plus noble que personne sur cette terre, seulement vous êtes des gens qui avez tendance à vous faire les princes de la terre c'est pour ça qu'il faut vous exterminer tous jusqu'au derniers, bandes de racistes. Et d'ailleurs je ne veux plus vous entendre, est-ce que c'est bien compris ? Parce que tout ce que vous êtes en train de dire vaut que dalle. Et il sort sans rien prendre mais bousculant des articles et s'en alla. Mais il oublia que dans presque tout les centres commerciaux et autres, existes des vidéos de surveillance. Et les dames tellement surprises de la réaction que cet homme a eut envers elles, n'ont même pas eues le temps et la force d'appeler la police. Néanmoins elles s'interrogeaient entre elles sur la façon et dans quelles circonstances le monsieur a pu leur parler de la sorte mais personne ne compris toujours Pas.

Elle se disait vraisemblablement ce monsieur était un débile mental car s'était inexplicable.

Alors une d'entre elles dit : on ne va Quand même pas nous éterniser sur les paroles d'un malade mental ? S'il vous plaît finissons notre shopping et rentrons. Le jeune homme arrivé tout furieux, tout agité par cet instant passé en compagnie de ses bonnes dames qu'il caractérisa de mécréantes. Il avait la haine, et pour lui il fallait anticiper les plans pour tuer encore et encore les vies françaises, mais ici ce que Ali omet s'est que ce n'est pas que les français qui meurent dans leur attaque et leur bombardements, et le plus pire s'est que il y'a des innocents français, qui perdent la vie, parce qu'il croit que la colonisation de l'Afrique s'est faite par des vie innocentes qui ne connaissent même pas la politique. Mais il faut bien sûr chercher à tuer les politiques car c'est eux qui détruisent l'Afrique. Et non les innocentes vies.

Et comme quand les balles sortent des mitrailleuses, ne sont pas essentiellement téléguidées sur les français uniquement, il y a bien sûr aussi des arabes, des ivoiriens, des Philippiens, presque toutes les races et certainement des algériens comme lui qui vivent en France qui meurent aussi. Une chose la plus importante dans la vie qu'il faut retenir c'est que la vengeance finie toujours par ce retourner contre celui qui lui fait appel. Un jour dans leur attaque, une voiture qu'ils ont piégés pour aller exploser dans un centre-ville, prit du retard et la voiture explosa dans un quartier dans la ville de Nice où habitaient plusieurs arabes. Cette explosion causa beaucoup de morts et de nombreux blessés. Et tout de suite les secours et pompiers arrivèrent, s'était une grande tragédie. Les premières estimations étaient de centaines de morts, les médias en parlait et Salam et Ali de depuis leur base regardaient aux infos, mais leur objectif n'était pas atteint et plus malheureux c'était des arabes qui étaient morts en grand nombres, et parmi lesquelles se trouvaient quelques membres éloignés de la famille d' Ali Oumar qu'on appelle Farad Aboudla. Lorsque les médias relayaient l'information, une femme parmi celles qui étaient au super marché se souvint du discours du jeune homme. « c'est pour ça qu'il faut vous exterminer tous jusqu'au derniers, bandes de Racistes ». Et elle comprit pourquoi il parlait comme ça.

Une famille qui a perdu la vie dans les propres pièges de leurs enfants. C'est malheureux, Ali était conscient que ses parents y habitaient sauf que c'était pas la cible, mais les événements ne se déroulent pas toujours comme l'on le souhaite. Et Ali devrait faire Le deuil des ses parents mais plus explicitement les membres de sa grande famille. Alors il se rendit au cimetière pour enterrer ses proches. Les gens ne peuvent jamais savoir et connaître le vrai visage des hommes, si ceux-là ne les dévoilent par clairement. Il faut dire qu'Ali n'était pas vraiment du genre à regretter ses actes, mais à se moment précis, il semblait que le sentimentalisme prenait un peu le déçu. En fait on ne pouvait pas réellement justifier que c'était des larmes de regrets, ou celles de spectacle d'acteur. Mais une chose est sûr s'est qu'il avait un mouchard à la main, qui le servait de sèche larmes. Voila que vouloir venger des parents, des frères et sœurs par la pire des manières je cause aussi la mort des miens.

Comment vais-je vivre avec se sentiment ? Bon je pense qu'il ne faut pas culpabiliser pour des choses qui ne sont pas de ma responsabilité, car je sais que si Dieu voulait que mes Proches vivent, la voiture piégée ne serait pas explosé dans leu zone. De gré ou de force ils allaient forcément mourir un jour, et si c'est par mes œuvres de martyre qu'ils sont morts, alors ils sont morts comme des martyrs. Rien de tout ça n'est de ma responsabilité, puisque S'était dans le bien de notre pays et notre race que j'agissais. Bien moi je crois que je vais me soustraire de cet événement maintenant car j'ai du travail. Disait Ali. Le jour suivant Salam quitta le camp pour aller chercher quelques provisions. Alors dans ses aventures de citoyens honnêtes, et normal il sauva un enfant de six ans qui a frôlé la mort pendant la circulation.

Alors Salam sera fort l'enfant contre lui comme si s'était le siens. Une minute après la mère de l'enfant récupéra son enfant toute tremblante et en pleurs, remerciant le monsieur. Alors Salam compris que « Si la haine a la force de tout détruire, s'est que l'amour est encore plus Fort pour tout reconstruire et tout changer. »

C'est là l'avantage de l'amour. Il change presque les sentiments de malice des hommes en des sentiments de bienséances. Salam se dit : voilà que depuis presque que longtemps je n'ai causer que de l'amertume à plusieurs familles, à travers toute la France, les mettant en pleurs par mes actes vicieux. Me voici aujourd'hui en sauvé une seule vie. Cet grand acte Héroïque fît la joie de cette bonne dame, et certainement tous ces gens autour. Aujourd'hui, je comprends qu'il y'a plus de bonheur à construire qu'à démolir. Se disait-il Apres tout ces états d'âme il renta dans son clans et son groupe lui, toujours dans le désir de tuer. Il entra Et posa les achats et direction dans sa chambre, sans même placer un mot. Alors Ali, le suivi pour comprendre ce qui se passait au juste. Il décida de lui poser des questions sur son comportement, ainsi s'approcha de lui et lui dit : mon frère qu'est-ce qui ne va pas avec toi ?

Ou peut-être que, c'est le décès de nos frères islamiste qui te chagrine ? Il faut que tu saches que ce qui c'est passé n'est pas de ta faut, ni de la mienne et encore moins celle de qui ça soit du groupe. C'est la chance qui a décidé de leur sort, et ça tu dois tirer un trait là déçu. Alors Salam le regarda indécemment, puis lui dit : sais-tu, c'est pas la mort de ceux-ci et de ceux-là, qui me rend comme tu le vois, c'est juste que je me sens assez épuisé par tout ça donc j'ai besoin d'une pause. Juste pour un moment à fin de mieux réfléchir, tu comprends ça ?

Alors Ali lui dit : d'accord ! Je vois ! Ok c'est compris sors un peu et donne toi un peu d'air, puisque c'est dans deux jours que nous frapperons, donc repose toi et moi je me chargerai de tout jusqu'à ce que tu te sentes mieux. Je crois que je vais dormir un peu. Disait Salam.

Mais Ali soupçonnait son comportement et il n'était pas assez sûr de ce qu'il cachait derrière la tête, mais il était certain que quelques chose n'allait pas avec lui. Salam après que Ali parti, essaya de se reposer. Et voilà presque deux jours se sont écoulés, l'heure du crime et du désastre était venu, mais les avis et aspirations n'étaient plus pareils. Salam décida Finalement de ne plus continuer à tuer des vies innocentes et comptait même se livrer à la Police pour ses crimes. Il devrait avoir un remord assez fort pour prendre une telle décision !

Mais est-ce que celle-ci sera accepté par ceux de son bord ?

La prochaine frappe était prévue dans moins d'un jours, et Salam n'était plus motivé à continuer. Il savait qu'il courait un danger de mort, pour trahison mais dorénavant trop décidé pour penser à sa propre vie. Alors prît son téléphone et appela Ali pour s'éviter beaucoup de regards. Ali, lorsqu'il fut arrivé au niveau de Salam lui dit : mais Salam mon Frère pourquoi m'appelle tu sur mon téléphone portable pendant que je suis dans la même Pièce

Que toi ? Qu'est-ce qu'il y a ?

Alors Salam lui dit : il faut qu'on parle toi et moi, c'est très important pour moi de t'en parler car nous avons faire du chemin ensemble. Et ici n'est pas un lieu approprié pour parler de ça, sortons un peu, dis au groupe qu'on revient. Ainsi donc ils partir dans un cafétéria pour Discuter, le plan de Salam, était de le faire sortir pour s'éviter la mort. Car pour lui, parler Dans le clans lui aurait coûté sa vie. Alors Salam prit la parole et dit :

-Au fait j'ai décidé de décrocher ! Je ne veux plus continuer, j'a rête dès aujourd'hui, et je te le dis pour que tu m'aides à arrêter tout. Tu sais on peut tout arranger juste en stoppant les meurtres, et vois-tu nos proches ont déjà péris sous nos bombes, Ali s'il te plaît aide-moi à tout arranger. Figure toi que le samedi dernier j'ai sauvé un enfant d'un accident de circulation, Ali j'ai sauvé une petite de six ans, et la joie que cela m'a apporté, tu n'imagine même pas le degré. Je décroche et peu importe ce que tu diras et penseras moi j'arrête.
Apres ces grandes émotions et ce discours Ali prit la parole tout furieux et tout tremblant puis lui dit : es-tu devenu fou ? Tout arranger ? mais qu'est-ce qui doit être arranger, qui est dérangé ? Mais est-ce ce que tu as mesuré la gravité et les conséquences qui en découleront de tes déclaration stupides ? Mais Salam tu as perdu tout courage à cause d'une fillette de six ans pour qui tu as fais durer ses problèmes en l'évitant la mort ? Souviens toi de ce que Tu me disais en Italie « c'est en affrontant ta peur que tu prouve ton courage » Ou est ton courage merde ! Et toi stupide que tu es, tu crois que tu es devenu un héros ? qui doit être Peut-être décoré ? mais rends-toi compte que tu as commis une grosse bêtise en sauvant cette fillette, parce qu'elle souffrira bien plus encore des problèmes au quotidien.

Maintenant écoute moi je pense que c'est pas dans ce genre d'endroit qu'il faut tenir un tel discours. Et saches que si ton idée obscure te conduisait vers la police, tu n'aurais même pas le temps de Prononcer « Djihadiste » et ils te mettront au cachot. Comprends tu ?

Allons à la maison pour essayer de réfléchir à tout ça, pour bien mettre les choses à niveau et Prendre une décision, bonne pour toi et moi. Veux tu ?

Alors Salam lui dit qu'il comprit et rentra dans les toilettes puis s'enfuir et alla très loin se cacher de son propre clan qui, dorénavant le considérera comme un traître et voudrait maintenant le tué, alors il s'enfuit. Mais Ali étant assis depuis cinq minutes et Salam ne Sortait toujours pas des toilettes, y alla pour voir ce qui se passait. Mais lorsqu'il fut entré dans les toilettes, Salam n'était plus là. Il le chercha un bon moment et décida de se retirer des lieux. Désormais très risqués pour lui, car il ne savait, s'il avait appelé la police avant de s'enfuir. Salam de son côté continua de fuir puis se cachait dans un tunnel. Et lorsqu' Ali

Rentra à la maison, il était tout énervé et troublé en même temps car il avait le sentiment d'être trahi et abandonné par son frère en crime et non seulement ça mais aussi de sang car pour lui, il étaient devenu comme des frères de sang. Il entra dans sa chambre, puis essaya le numéro de portable de Salam mais rien car il l'avait démonté et jeté dans un caniveau pour s'éviter le traçage. Apres avoir assisté à ce discours émotionnel de Salam Ali s'est dit :

-peut-être conduira-t-il la police vers moi. Alors il dit à son clans que Salam avait décidé de décrocher et qu'il s'était enfui, donc rien ne prouverait qu'il ne ferait pas venir la police vers eux, alors que chacun aille se cacher là où il pouvait avec tout l'argent qu'ils ont eu avec les grandes puissances qui les soutenaient étroitement et indirectement. Alors chacun s'enfuir De son côté-là où il pouvait aller. Deux jours plus tard Salam sorti de sa tanière pour voir aux infos s'ils avaient encore frappés, mais à sa grande surprise rien dans les journaux qui Suscite

Les rassemblements pour les news. Il ne comprit rien du tout -avait-il décidé d'arrêter tout comme je le lui avait suggéré ? Mais pourquoi n'ont-ils pas frappés comme prévu ? Alors il décida de repartir dans la maison pour mieux comprendre. Même si y'avait un grand risque qu'il meurt là-bas, il fallait tout de même le courir. On a Jamais rien sans rien !! Se disait-il.

Mais comme Ali savait que le lion retourne toujours sur son lieu de crime, il passa un appel anonyme à la police puis donna l'adresse de la propriété, puis leur dit que s'était le lieu d'opération des Djihadiste et avec peu de chance il trouveront quelqu'un là-bas puis il raccrocha. Deux minutes plus tard la police encercla les lieux, Salam y était déjà. Ils entraient de forces, près à abattre n'importe qui, essayerait de tirer. Lorsqu'ils étaient dans la maison Salam était assit comme de rien était, les armes s'y trouvaient encore, et les explosifs aussi.

La police l'appréhendait car il ne résista pas. Lorsqu'ils se saisi de lui, ils le m'était dans une très haute surveillance, puis l'interrogeaient. Salam ne regrettait plus rien, car s'était son désir de tout arrêter, mais sauf que pas de cette façon. Il savait très bien que tôt ou tard s'alliait arrivé, mais pour lui une chose était sure, c'est que s'était Ali qui avait appelé la police car il savait qu'il allait revenir. En effet là encore il me donne une bonne raison de parler. Se Disait Salam.

Mais quand l'officier de police entra dans la salle interrogatoire, et lui posait des questions Sur ses complices et leur prochaine cible, Salam prit la parole et dit :

-Monsieur l'officier vous êtes ici pour savoir qui sont mes complices et ma prochaine cible, N'est-ce pas ??

Moi par contre, j'ai une question pour vous. Dites moi pourquoi l'Afrique et mon peuples ont étés mutilés et dépouillés, et jusqu'aujourd'hui ils souffrent encore des manigances de vos Gouvernements?

Si vous répondez à cette question, je vous direz probablement qui sont mes complices, et avec un peu de chance vous les arrêterez. Autrement, je ne dirai rien, car depuis longtemps je Cherchais à vous poser la question vous les français.

Alors l'officier resta là sans une réponse relative à ce qu'il lui avait dit, car il n'en avait point.

Mais il lui dit :

-Nous ne sommes ici pour parler des histoires historiques, mais de ce que vous et ceux de votre bord avez fait, et si vous ne parlez pas maintenant, ils continueront à tuer d'autres

Personnes innocentes, et c'est vous qui endosserez la responsabilité. Vous allez passer toute votre vie en prison et figurez-vous que démarrer à vingt neuve ans, et en plus de trente autres années, c'est énorme. Mais si vous collaborez, je m'assurerais qu'on ne vous mettes pas dans une cellule avec de grand bandits, mais plus tôt dans les cellules des personnes importantes.

Dites moi ce que je veux savoir et je vous promets que tout ira mieux pour vous.

C'était de la Psychologie pour le faire parler. Apres son discours, Salam souriait légèrement, et lui dit :

-Vous perdez énormément de temps, si vous ne répondez pas à mes questions je ne répondrai non plus à aucune question venant de vous, ni de qui que ça soit. Fin de la discussion ! Alors l'officier quitta la salle et dit à tout le monde de se mettre à la recherche de l'appelant. La police se mettait à recherche d'informations reliant Salam, à l'appelant pour comprendre, et comment il l'avait su et quel était leurs liens. Lorsqu'ils trouveront des résultats s'est sûr qu'ils arrêteront les responsables. Et Ali lui s'était enfuit dans la ville de Paris car il comptait toujours bombarder. Mais au miracle espérer, un hacker arriva à tracer L'appel.

L'emplacement du portable se trouvait à paris, dans grand hôtel. Alors ils signalèrent les autorités parisiennes à fin d'arrêter l'individu en question, en leur fournissant toutes ses donnée. Pas plus de cinq minutes la police a envahi

l'hôtel, puis entra dans sa suite et arrêta le jeune homme de vingt cinq ans. S'était une opération à succès. Apres l'arrestation d'Ali, l'officier retourne dans la salle et dit à Salam nous avons arrêté celui qui nous appelé pour nous signaler ta cachette. Et moi j'en suis certain qu'il est ton complice, mais à tout Simplement voulut te trahir voilà la vraie version. N'est-ce pas ?
Mais rassure toi, que ça soit avec où sans toi, on les arrêtera tous et jusqu'au dernier est-ce Que tu comprends ? Dans une voix assez forte !
Salam lui dit :
-c'est une très bonne nouvelle pour la France et pour les français ! Non ? Puis il rit...
L'officier sorti de la salle tout énervé. Et Salam comme il était resté tout seul il parlait en son Cœur et Dit :
-La vie c'est quelques chose quand même, mais pourquoi il faut toujours payer le mal qu'on a commis ? Et pourquoi faut-il toujours que nos semblables deviennent l'objet de notre chute ? Est-ce pour ça que la terre et tout ce qui y respire ont étés créés ? Et toi, Dieu maître de tout, toi qui existe sans vivre, toi qui comprend sans entendre et toi qui parle sans ouvrir la bouche.

Dis moi pourquoi ton œuvre est si vicieuse ? Là tu fais exprès ? Non ! Puisqu'on dit de toi : juste, bon, merveilleux, miséricordieux, fidèle, saint. Comment ferais-tu une malice ? Ou peut-être que tu l'as crée pour le bon fonctionnement de l'humanité ! Ça alors ! Ainsi je pense que je ne suis pas si cruel, j'ai de ce fait accompli ton dessin. J'ai donc fais ton œuvre,

Ainsi donc je devrais recevoir une médaille en diamant et non des menottes. Ils ne savent pas que tu es auteur de leur souffrance sinon ils t'auraient blâmer. Tu le sais bien plus que moi n'estce pas ? C'est toi le responsable et moi je suis tout simplement un misérable humain qui a existé pour accomplir tes œuvres. Tu es vraiment « un Dieu » j'en conviens. Apres un long moment Salam vu de nouveau l'officier de police entré dans la salle, alors il lui dit : Mais monsieur l'officier vous êtes si patient, pourquoi ne tuez-vous pas un criminel comme moi, dès que vous l'arrêtez ? Et vous cherchez des réponses qui ne seront Probablement pas vraies? Alors l'officier lui dit :

-Non ! Tu répondra devant le juge. Debout !! Emmener le !!

La police le conduit dans sa cellule de détention en attente de son procès. Et pareil pour Ali car toutes les informations ont démontrées qu'il était l'un d'eux. Le jour du procès arriva et le juge après avoir écouté les différents témoignages il donna la parole à chacun d'eux pour leur défense. Salam lui disait qu'il n'avait rien à dire. Mais Ali prit la parole et dit : lui il n'a rien à Dire mais oui !

-Messieurs les jurés vous nous avez devant vous pour crimes volontaires et crimes contre l'humanité ?? C'est bien vrai !! Nous, nous sommes là aujourd'hui pour nos crimes, et ne pensez pas un seul instant que nous, particulièrement moi regrettons nos actions, néanmoins sachez ceci : si cet imbéciles n'avait pas décidé de sauver une fillette de six ans d'un accident de circulation, et n'avait pas commencé à être sentimental, nous ne serions jamais devant vous. Alors vous devriez remercier cet abruti et la chance qui a décidé de votre destin. Moi par contre j'ai des questions pour vous, bien qu'elles n'auront certainement pas de réponse,

Mais je tiens néanmoins à vous les posées.

Qui d'entre vous, a une fois pensé au procès de vos gouverneurs, qui mettent le feu dans nos Pays et dans nos maisons. ?

Qui d'entre vous a une seule fois penché un regard sur ces peuples qui vivent dans l'extrême Promiscuité à cause de vos politiques pervers ??

Moi je crois et je sais que vous ne répondrez jamais à cette question donc une chose est : « pauvre Afrique car même les juges aussi ont sellés ton sort, ceux-là même qui pouvaient Réclamer justice sont incapable et nous, nous sommes à notre terme nous sommes à la fin de notre vie et notre combat. Ici prend fin notre randonnée, zut !! » Lorsque Ali fini son

Discours le juge prit la parole et dit : Après avoir écouté les avis et le verdict des jurés, je Déclare monsieur Ali Oumar et Salam coupable de crimes volontaires et de crimes contre l'humanité ainsi qu'à la violation et destruction massive du territoire français et sont condamnés à peine maximale, soit quarante ans de prison ferme. L'audience est levée !! Lorsque le procès prit fin et que les coupables furent arrêtés et condamnés, les attentas pris fin car les chefs ont étés arrêtés alors les tensions s'apaisaient, pendant très longtemps. Ici retenons que il y'a plusieurs raisons qui sont à l'objet des actions des hommes, mêmes lorsque celle-ci sont très immorales. Et les actions des Jahidiste sont très souvent dues aux pressions politiques qui se vie dans leur pays ou encore leur région. Il est vrai que presque tous les pays ont connus une colonisation, la colonisation de l'Afrique a été très rude et continue toujours de l'être. Les souffrances des peuples africains les obligent à migrer vers des pays assez paisibles et nantis pour gagner aussi un peu de pain à manger. Voila pourquoi les africains vont toujours vers l'Europe et autre. Comprenons par ce livre que tout le monde va à l'aventure, Cependant chacun a un objectif à atteindre qui n'est toujours pas

Bien et exprimé réellement. Et que les politiques européens cessent de mettre le feu dans les pays africains où

Autres et après jouer aux pompiers. !

Fin. !

Printed by Books on Demand GmbH, Norderstedt / Germany